新能源丛书

XIN NENG YUAN

CONG SHU

无处不有的生物质能

李方正 楼仁兴 ◎编著

吉林出版集团股份有限公司

图书在版编目（CIP）数据

无处不有的生物质能 / 李方正， 楼仁兴编著． —— 长
春 ： 吉林出版集团股份有限公司， 2013.6
（新能源）
ISBN 978-7-5534-1959-6

Ⅰ．①无… Ⅱ．①李… ②楼… Ⅲ．①生物能源－普
及读物 Ⅳ．①TK6-49

中国版本图书馆CIP数据核字（2013）第123452号

无处不有的生物质能

编　　著	李方正　楼仁兴	
策　　划	刘野	
责任编辑	林　丽　张又方	
封面设计	孙浩瀚	
开　　本	710mm×1000mm　　1/16	
字　　数	105千字	
印　　张	8	
版　　次	2013年8月　第1版	
印　　次	2018年5月　第4次印刷	

出　　版	吉林出版集团股份有限公司
发　　行	吉林出版集团股份有限公司
地　　址	长春市人民大街4646号
	邮编：130021
电　　话	总编办：0431-88029858
	发行科：0431-88029836
邮　　箱	SXWH00110@163.com
印　　刷	湖北金海印务有限公司

书　　号	ISBN 978-7-5534-1959-6
定　　价	25.80元

前　言

　　能源是国民经济和社会发展的重要物质基础，对经济持续快速健康发展和人民生活的改善起着十分重要的促进与保障作用。随着人类生产生活大量消耗能源，人类的生存面临着严峻的挑战：全球人口数量的增加和人类生活质量的不断提高；能源需求的大幅增加与化石能源的日益减少；能源的开发应用与生态环境的保护等。现今在化石能源出现危机、逐渐枯竭的时候，人们便把目光聚集到那些分散的、可再生的新能源上，此外还包括一些非常规能源和常规化石能源的深度开发。这套《新能源丛书》是在李方正教授主编的《新能源》的基础上，通过收集、总结国内外新能源开发的新技术及常规化石能源的深度开发技术等资料编著而成。

　　本套书以翔实的材料，全面展示了新能源的种类和特点。本套书共分为十一册，分别介绍了永世长存的太阳能、青春焕发的风能、多彩风姿的海洋能、无处不有的生物质能、热情奔放的地热能、一枝独秀的核能、不可或缺的电能和能源家族中的新秀——氢和锂能。同时，也介绍了传统的化石能源的新近概况，特别是埋藏量巨大的煤炭的地位和用煤的新技术，以及多功能的石油、天然气和油页岩的新用途和开发问题。全书通俗易懂，文字活泼，是一本普及性大众科普读物。

　　《新能源丛书》的出版，对普及新能源及可再生能源知识，构建资源节约型的和谐社会具有一定的指导意义。《新能源丛书》适合于政府部门能源领域的管理人员、技术人员以及普通读者阅读参考。

在本书的编写过程中，编者所在学院的领导给予了大力支持和帮助，吉林大学的聂辉、陶高强、张勇、李赫等人也为本书的编写工作付出了很多努力，在此致以衷心的感谢。

鉴于编者水平有限，成书时间仓促，书中错误和不妥之处在所难免，热切希望广大读者批评、指正，以便进一步修改和完善。

目录CONTENTS

01
开门七件事

　　人们居家过日子，每天开门都有七件事要做，这就是：柴、米、油、盐、酱、醋、茶，这些都是生活必需品，过日子离不开它们。

　　柴是人们列为第一件的生活物质，充分反映了生活中能源需求的重要性。这里的柴，广义地说，包括各种各样能燃烧，放出热能的能

🔎 柴

源，例如，农村常用的薪炭（木柴）、杂草、秸秆等，也包括城里人用的煤炭、天然气和石油制品等。狭义的柴，则专指生物质能源，如薪柴、干草等。

过去的中国农村，柴禾不够烧水、做饭，在半山区、丘陵或平原地区居住的人们，还经常去挖草根、扒树皮做燃料，导致生态遭到破坏，植被遭到毁坏，继而导致水土流失、土地贫瘠、庄稼歉收。实行科学种田，农作物合理密植，每亩作物的禾苗成倍增长，秋天粮食丰收，秸秆也丰收，做饭烧水已绰绰有余，有些地方还放火焚烧秸秆，让草木灰渗入土壤里，作为有机肥使用，有些地方则把秸秆打成捆，用来发电、造纸，实现了秸秆的多功能价值。

（1）生态
生态通常指生物的生活状态，指生物在一定的自然环境下生存和发展的状态，也指生物的生理特性和生活习性。简单地说，生态就是指一切生物的生存状态，以及它们之间和它与环境之间环环相扣的关系。

（2）植被
植被就是覆盖地表的植物群落的总称。它是一个植物学、生态学、农学或地球科学的名词。植被可以因为生长环境的不同而被分类，譬如高山植被、草原植被、海岛植被等。环境因素如光照、温度和雨量等会影响植物的生长和分布，因此形成了不同的植被。

（3）秸秆
秸秆是成熟农作物茎叶（穗）部分的总称。农作物光合作用的产物有一半以上存在于秸秆中，秸秆富含氮、磷、钾、钙、镁和有机质等，是一种具有多种用途的可再生的生物资源。

02 什么是生物质能

生物质是指通过光合作用而形成的各种有机体，包括所有的动植物和微生物。而所谓生物质能，就是太阳能以化学能形式贮存在生物质中的能量形式，即以生物质为载体的能量。它直接或间接地来源于绿色植物的光合作用，可转化为常规的固态、液态和气态燃料，取之不尽、用之不竭，是一种可再生能源。

生物质能的原始能量来源于太阳，所以从广义上讲，生物质能是太阳能的一种表现形式。

🔍 生物质能蕴藏在植物中

目前，很多国家都在积极研究和开发利用生物质能。生物质能蕴藏在植物、动物和微生物等可以生长的有机物中，它是由太阳能转化而来的。有机物中除矿物燃料以外的所有来源于动植物的能源物质均属于生物质能，通常包括木材、森林废弃物、农业废弃物、水生植物、油料植物、城市和工业有机废弃物、动物粪便等。地球上的生物质能资源较为丰富，而且是一种无害的能源。地球每年经光合作用产生的物质有1730亿吨，其中蕴含的能量相当于全世界能源消耗总量的10～20倍，但目前的利用率不到3%。

（1）有机物

有机物主要由氧元素、氢元素、碳元素组成。有机物是生命产生的物质基础。生物体内的新陈代谢和生物的遗传现象，都涉及到有机化合物的转变。此外，许多与人类生活有密切关系的物质，例如石油、天然气、棉花、染料、化纤、天然和合成药物等，均属有机化合物。

（2）矿物

矿物指由地质作用所形成的天然单质或化合物。它们具有相对固定的化学组成，呈固态者还具有确定的内部结构；它们在一定的物理、化学条件范围内稳定，是组成岩石和矿石的基本单元。

（3）油料植物

油料植物是对所有含油脂的植物的统称，它是油料作物概念的延伸。植物油脂的应用领域多、范围广，是生产生物柴油和优质食用油的原料。

03
生物质能的分类

依据来源的不同，可以将适合于能源利用的生物质分为林业资源、农业资源、生活污水和工业有机废水、城市固体废物和畜禽粪便等五大类。

林业资源：林业生物质资源是指森林生长和林业生产过程提供的生物质能源，包括薪炭林、在森林抚育和间伐作业中的零散木材、残留的树枝、树叶和木屑等；木材采运和加工过程中的枝丫、锯末、木屑、梢头、板皮和截头等；林业副产品的废弃物，如果壳和果核等。

农业资源是指农业作物；农业生产过程中的废弃物，如农业资源；农作物收获时残留在农田内的农作物秸秆；农业加工业的废弃物，如农业生产过程中剩余的稻壳等。能源植物泛指各种用以提供能源的植物，通常包括草本能源作物、油料作物、制取碳氢化合物植物

🌀 生活污水

和水生植物等几类。

生活污水和工业有机废水：生活污水主要由城镇居民生活、商业和服务业的各种排水组成，如冷却水、洗浴排水、盥洗排水、洗衣排水、厨房排水、粪便污水等。工业有机废水主要是酒精、酿酒、制糖、食品、制药、造纸及屠宰等行业生产过程中排出的废水等，其中都富含有机物。

城市固体废物：城市固体废物主要是由城镇居民生活垃圾，商业、服务业垃圾和少量建筑业垃圾等固体废物构成。

畜禽粪便：畜禽粪便是畜禽排泄物的总称，它是其他形态生物质的转化形式，包括畜禽排出的粪便、尿及其与垫草的混合物。

（1）薪炭林

薪炭林是指以生产薪炭材和提供燃料为主要目的的林木（乔木林和灌木林）。薪炭林是一种见效快的再生能源，没有固定的树种，几乎所有树木均可作燃料。

（2）果壳

果壳是由核桃壳、杏壳、樱桃壳、酸枣壳等果壳加工而成，具有硬度高、耐酸碱、耐浸泡的特性，主要用于过滤材料，活性炭加工，石油助剂，化妆品等。果壳还是石油钻探油井堵漏，水下管道隧道工程良好的辅助材料。

（3）建筑业垃圾

建筑业垃圾是指建设、施工单位或个人对各类建筑物、构筑物、管网等进行建设、铺设或拆除、修缮过程中所产生的渣土、弃土、弃料、余泥及其他废弃物。

04
生物质能利用历史悠久

🔎 **牛也是生物质能**

　　生物质能是指用动物或植物的能量作为能源的一种能量。生物质能包括植物方面的木材、农副产品、柴草、人畜粪便等；动物方面的牛、马、驴、骡、骆驼等。

　　利用植物作为能源的历史十分悠久，也相当广泛。我们祖先打柴烘暖房屋和身体、煮熟食物，就是从树枝、干草等生物质能中取得能量的。即便21世纪的今天，第三世界国家的广大农村，仍然是以燃烧柴草、秸秆作为生活能源。

利用动物作为能源的历史也很悠久而普遍。从1万年前新石器时代以来，即从刀耕火种以来，人们就开始使用牲畜犁地、拉车、推磨、运输。现在更是司空见惯，例如北方的黄牛、南方的水牛、普遍应用马和驴、青藏高原上的牦牛、沙漠中的骆驼、北极因纽特人的狗等。这些实质上就是在利用牲畜肌肉运动所产生的能量。

此外，人类以生物质为食物，是直接利用生物质能的主要表现。各种粮食称为人类的主食，农副产品称为人类的副食。人类不仅吃植物也吃各种动物，这些都是人体能量的源泉。从"茹毛饮血"到现代的饮食文化，都是以生物质为主的。

（1）第三世界国家

第三世界包括亚洲、非洲、拉丁美洲及其他地区的130多个国家，占世界陆地面积和总人口的70%以上。发展中国家地域辽阔，人口众多，有广大的市场和丰富的自然资源，还有许多战略要地，无论从经济、贸易上，还是从军事上，都占有举足轻重的战略地位。

（2）刀耕火种

刀耕火种是古时一种耕种方法，把地上的草烧成灰做肥料，就地挖坑下种。随着农业机械化的普遍运用，刀耕火种的那种原始的农业耕作技术已渐渐消失了，一切都随着时代进步着，连农业也不例外。

（3）牲畜

牲畜一般是指由人类饲养使之繁殖并利用，有利于农业生产的畜类，可理解为家畜、家禽的统称。

05
生物质能的美好前景

　　生物质能，包括农作物秸秆、薪柴，可作能源的巨藻、海带，以及通过微生物发酵制成的沼气和酒精，通过热化学途径获取的合成气和甲醇，还有能源作物提取的植物燃料油等，是世界上最广泛的一

🔍 **可作能源的巨藻、海带**

种可再生能源。据估计，每年地球上经光合作用生成的生物质，总量约为1440～1800亿吨，相当于目前全世界总能耗的3～8倍。但是，人们实际利用的生物质能量远没有这么多，而且利用效率也不高。据统计，生物质能目前只占全球总能耗量的6%～13%，其中发展中国家消耗量比较大，约占总量的30%。

目前发展生物质能的主要途径，一是广泛种植能源作物，包括种植薪炭林、含油量高的作物、石油树等；二是加强生物质的气化、液化、微生物发酵、热化学处理，将生物质能转化为化学能和电能，提高能源效率。

（1）热化学

热化学为化学热力学的一个分支。它用各种量热方法准确测量物理的、化学的以及生物的过程的热效应，从而根据热效应来研究有关现象及规律性。

（2）合成气

合成气是以一氧化碳和氢气为主要成分，用作化工原料的一种原料气。合成气的原料范围很广，可由煤或焦炭等固体燃料汽化产生，也可由天然气和石脑油等轻质烃类制取，还可由重油经部分氧化法生产。

（3）生物质能

生物质能是一种可再生绿色能源，可以替代化石能源。使用生物质能不仅可以缓解煤炭、石油的供应压力，还能降低大气污染。

06
原始人的食物能源

🔍 原始人的食物能源

　　生活在百万年前的猿人，靠什么来维持生计，由于年代久远，要详细讲清这个问题，对于所有人来说，都是件不容易的事情。不过，人们可以从他们留下的遗物、遗迹中得到答案。考古学家们普遍认为，在从猿到人长达数百万年的岁月中，从动物到人类，都是从素食开始的。最早是采集水果、坚果、树枝嫩叶、植物块根为食。这些植物含能量很低，营养价值不高，所以猿人的身材很小，大脑也不发达，这都与获得的能量低有关。随着时间的演化，原始人类逐渐吃食一些小动物，如蚂蚁、鼠类、昆虫类等。再后来有了工具、火和武器，原始人集体狩猎，开始吃食一些草食类大动物，还到江河湖海中打渔捉蟹，补充营养，增强体质。

原始人类从茹毛饮血到后来把食物煮熟了吃，这样，可以更好地吸收食物营养，更有利于身体健康，同时促进了正在形成中的人类的体质，尤其是脑髓的发展。

（1）猿人

猿人被认为是人类的祖先，具有人和猿的两重生理构造特征，大约生存于距今二百万年到三四十万年前。猿人头骨低平，眉脊骨突出，牙齿较大，具有猿和人的中间性质。他们已经能制造石器，是最早能制造工具的人。猿人可分为早期猿人和晚期猿人。

（2）遗物遗迹

遗物遗迹是指古代人类通过各种活动遗留下来的痕迹。包括遗址、墓葬、灰坑、岩画、窖藏及人类活动所遗留下的痕迹等。

（3）考古学家

考古学家是专门从事挖掘古迹、古生物化石等一些与地层有关或是与古代历史文化有关工作的成功人士，我们都可以称之为考古学家。考古学家是运用考古学知识进行研究的专家。

07

古老的能源——薪炭

生物质能曾是人类最古老的能源。在距今50万年以前，生活在北京西南周口店地区的北京猿人，是中华大地上较早使用火的人类。20世纪30年代，考古学家在北京猿人生活过的岩洞里，发现6米厚的积灰层，从灰烬中找到烧焦的柴荆木炭、朴树种子，从而证明，促进人类进化的第一把火便是薪炭。在50万年的漫长岁月里，薪炭一直作为最主要的能源为人类作出贡献。

直到1860年，薪炭在世界能源消费中还占据着首位，比例高达

🔎 蜂窝煤

73.8%，后来，随着煤炭、石油和天然气等矿物能源的大量开发使用，薪炭直接用作能源的比例才逐渐下降。1910年，在世界能源消费构成中，薪炭的使用量下降为31.7%，而煤炭等的使用量则增长到63.5%。目前，在一些发展中国家的广大农村，薪炭仍然是人们经常使用的主要能源。在世界各地，由于煤和石油的消耗过快，出现能源危机，再加上煤炭等矿物能源对环境的严重污染，薪炭等生物质能源的种植、开发、利用，又重新引起了人们的重视。不过，重新利用薪炭能，已不是使用原始薪炭林，而是人工种植快速生长林木、高含油植物。在使用方面，也不会直接燃烧薪炭能源，而是经过气化、液化等加工处理，充分利用其热能。

（1）灰烬

灰烬是指物品燃烧后的灰和烧剩下的东西。木质燃烧后的灰烬成分一般为无机的碳酸盐或者氧化物，以氧化钾、氧化钠、碳酸钾、碳酸钠为主。

（2）薪炭

薪炭是一种木炭，指由耐干旱瘠薄、适应性广、萌芽力强、生长快、再生能力强、耐樵采、燃值高的树种燃烧后所形成的木炭。

（3）能源危机

能源危机是指因为能源供应短缺或是价格上涨而影响经济的危机。这通常涉及到石油、电力或其他自然资源的短缺。能源危机通常会造成经济衰退。从消费者的观点，汽车或其他交通工具所使用的石油产品价格的上涨降低了消费者的信心并增加了他们的开销。

08
生物质能的利用方法

🔍 木炭

目前世界各国利用生物质能的方法大致有以下几种：

热化学转换法。它可以获得木炭、焦油和可燃气体等品位高的能源产品。该方法又以其热加工的方法不同，而分为高温干馏、热解、生物质液化等三种方法。

生物化学转换法。主要指生物质在微生物的发酵作用下，生成沼气、酒精等能源产品。

把生物质压制成形状燃料，以便集中利用，提高热效率。

为了提高生物质能的利用效率，不少国家都在积极研究生物质能的气化和液化方法，并已取得了很好的成果。例如，瑞典采用最少氧流程生产合成气；日本采用双流化床流程生产中等热值的燃料气；美国采用空气流化床流程生产低热值燃料气。木质燃料的气化，是指在高温下转变为气体木煤气的过程。木质燃料的液化，是在酸和酶的作用下，使多糖分解为单糖，再转化成乙醇的过程。木质燃料的油分具有很高的发热量，可以作为发动机的燃料。

（1）木质燃料

木质燃料广泛应用于工农业生产和人民生活，是能通过化学或物理反应释放出能量的木质物质。木质燃料主要为木头等。

（2）酶

酶可以催化特定化学反应的蛋白质、RNA或其复合体。酶是生物催化剂，能通过降低反应的活化能加快反应速度，但不改变反应的平衡点。绝大多数酶的化学本质是蛋白质。它具有催化效率高、专一性强、作用条件温和等特点。

（3）乙醇

乙醇的结构简式为C_2H_5OH，俗称酒精，它在常温、常压下是一种易燃、易挥发的无色透明液体，它的水溶液具有特殊的、令人愉快的香味，并略带刺激性。乙醇的用途很广，可用乙醇来制造醋酸、饮料、香精、染料、燃料等。

09 生物质能的主要利用技术

　　直接燃烧：生物质的直接燃烧和固化成型技术的研究开发主要着重于专用燃烧设备的设计和生物质成型物的应用。现已成功开发的成型技术按成型物形状主要分为大三类：以日本为代表开发的螺旋挤压生产棒状成型物技术，欧洲各国开发的活塞式挤压制的圆柱块状成型技术，以及美国开发研究的内压滚筒颗粒状成型技术和设备。

　　生物质气化：生物质气化技术是将固体生物质置于气化炉内加热，同时通入空气、氧气或水蒸气，来产生品位较高的可燃气体。它的特点是气化率可达70%以上，热效率也可达85%。生物质气化生成的可燃气经过处理可用于合成、取暖、发电等不同用途，这对于生物质原料丰富的偏远山区意义十分重大，不仅能改变他们的生活质量，而

🔍 **防护林**

且也能够提高用能效率，节约能源。

液体生物燃料：由生物质制成的液体燃料叫做生物燃料。生物燃料主要包括生物乙醇、生物丁醇、生物柴油、生物甲醇等。虽然利用生物质制成液体燃料起步较早，但发展比较缓慢，由于受世界石油资源、价格、环保和全球气候变化的影响，20世纪70年代以来，许多国家日益重视生物燃料的发展，并取得了显著的成效。

沼气：沼气是各种有机物质在隔绝空气（还原）并且在适宜的温度、湿度条件下，经过微生物的发酵作用产生的一种可燃烧气体。沼气的主要成分甲烷类似于天然气，是一种理想的气体燃料，它无色无味，与适量空气混合后即可燃烧。

（1）温度

温度是表示物体冷热程度的物理量，微观上来讲是物体分子热运动的剧烈程度。温度只能通过物体随温度变化的某些特性来间接测量，而用来度量物体温度数值的标尺叫温标。

（2）湿度

湿度是表示大气干燥程度的物理量。在一定的温度下，一定体积的空气里含有的水汽越少，则空气越干燥；水汽越多，则空气越潮湿。空气的干湿程度叫做"湿度"。

（3）发酵

通常所说的发酵多是指生物体对于有机物的某种分解过程。发酵是人类较早接触的一种生物化学反应，如今在食品工业、生物和化学工业中均有广泛应用。

10
薪炭能源的优点

首先，薪炭能源是再生能源，只要把树种在地上，就能在生长季节通过叶绿素的光合作用，把太阳能固定在树中。据估算，全世界的森林每年固定的太阳能，相当于900多亿吨标准煤，这是一个潜力巨大的能源宝库。

其次，种薪炭林简便易行，成本低，见效快。树木固定化学能的机理虽然复杂，但可以自然进行，不需要人工操纵，而且太阳能储存在树中，用之即取。一粒种子种下后，长出树来，只要不毁

 树林

坏它，就可以长期贮藏能量。

第三，薪炭柴不含硫等有害元素，燃烧时污染大气程度低，燃烧后的灰分还是很好的钾肥。因此，它又是一种清洁的燃料。

第四，树木在进行光合作用时，吸收空气中的二氧化碳，燃烧时，又将二氧化碳释放回空气中，保持大气成分的平衡。

第五，树林还能防风固沙、涵养水源、改善气候、美化环境，这些都是其他矿物质能源所无法相比的。

（1）叶绿素

叶绿素是一类与光合作用有关的最重要的色素。光合作用是通过合成一些有机化合物将光能转变为化学能的过程。叶绿素从光中吸收能量，然后能量被用来将二氧化碳转变为碳水化合物。

（2）灰分

灰分是指一种物质中的固体无机物的含量。这种物质可以是食品，也可以是非食品，可以是包含有机物的无机物，也可以是不含有机物的无机物，可以是锻烧后的残留物，也可以是烘干后的剩余物。但灰分一定是某种物质中的固体部分而不是气体或液体部分。

（3）二氧化碳

二氧化碳是空气中常见的化合物，其分子式为CO_2，由两个氧原子与一个碳原子通过共价键连接而成，常温下是一种无色无味气体，密度比空气略大，能溶于水，并生成碳酸。固态二氧化碳俗称干冰。二氧化碳被认为是造成温室效应的主要气体。

11
薪炭林开发

　　中国的薪炭林有300多万公顷，薪柴年产量约2800万吨，加上用材林、防护林、疏林、灌木林、四旁树木等，提供的薪柴量约9000万吨。目前中国的实际消耗量超过可供量的一倍，达到1.9亿吨，是世界上利用薪柴为生活燃料消费量最大的国家。

　　大力发展薪炭林，是解决农村生活能源的重要措施。中国各地拥有许多优良的薪炭树种。这些优良树种具有适应性强、容易繁殖、萌发快、火力旺等特点。例如，东北地区的杨、柳、桦、柞；西北地区的沙柳、沙棘、沙枣、柠条、酸刺、梭梭；华北和中原地区的刺槐、紫穗槐、怪柳、杨树；南方的松、栎、桉、相思树、木麻黄、合欢树等。这些树种一般3～5年即可受益，人均拥有1～2亩薪炭林，就能满足全年的烧柴需求。

　　薪炭林作为一种绿色植物，兼具防风固沙、保持水土、保护农田和草场、改善生态平衡等价值，而刺槐、紫穗槐、沙枣、柠条等树种的树叶，既是营养丰富的饲料，又是含氮量较高的绿肥。

（1）灌木林

灌木林是指由无明显主干，分枝从近地面处开始，群落高度在3米以下，且不能改造为乔木的多年生木本植物群落占优势的植被类型。

（2）生态平衡

生态平衡是指在一定时间内生态系统中的生物和环境之间、生物各个种群之间，通过能量流动、物质循环和信息传递，使它们相互之间达到高度适应、协调和统一的状态。

（3）绿肥

绿肥是用作肥料的绿色植物体。绿肥是一种养分完全的生物肥源。种绿肥不仅是增辟肥源的有效方法，对改良土壤也有很大作用。但要充分发挥绿肥的增产作用，必须做到合理施用。

灌木林

12
薪炭林树种多

发展薪炭林，选择树种很重要。中国云南西双版纳的傣族人，虽自古以来就身居林海，但他们却从不使用满山遍野的木柴，而只烧一种名叫"铁刀木"的速生树木。这种树木质好、生长快、燃烧慢、火力强、烟雾小、不炸火星，是傣家人优选出来的薪炭林木。另外，柴穗槐、沙棘、林麻黄、马尾松、加拿大杨、麻栎、刺槐、旱柳、柠条、酸刺等，都是薪炭林中的佼佼者。

中美洲出产一种"新银合欢树"，它生长迅速、适应性强、根系发达、繁殖容易。由于这种树产量高、用途广，被誉为奇迹树。菲律宾有一种能分泌柴油的"柴油树"，每棵树年产5千克油；巴西热带雨林中有一种叫"苦配巴"的石油树，可从树干上"割油"，每株树年产20千克油；中国海南岛的油楠树，一棵树年产25千克油。美国加利福尼亚大学利用遗传工程方法培养出了"石油明星树"，每英亩（1英亩=4046.86平方米）年产石油10桶，可连续收获20~30年。

（1）傣族

傣族在民族识别以前又被称作摆夷族，是中国少数民族之一，散居于云南的大部分地方。傣族通常喜欢聚居在大河流域、坝区和热带地区。根据2006年全国人口普查，中国傣族人口有126万。

（2）热带雨林

热带雨林是指在热带潮湿地区分布的一种由高大常绿树种组成的森林类型。它具有优势种不明显，结构复杂，层外植物丰富，以及常具板状根、支柱根、气根和老茎生花等特点。

（3）遗传工程

遗传工程也叫基因工程、基因操作或重组DNA技术，是20世纪70年代以后兴起的一门新技术，其主要原理是用人工的方法，把生物的遗传物质，通常是脱氧核糖核酸（DNA）分离出来，在体外进行基因切割、连接、重组、转移和表达的技术。

🔎 热带雨林

13
绿色能源的利用

生物质能资源十分广泛和丰富，是替代化石燃料，减少环境污染的绿色燃料，合理利用生物质能，可以变害为利，发展前景十分光明。从原理上说，生物质能是太阳能的转换器，属可再生能源资源，取之不尽，用之不竭。

但是，生物质能也有不足之处，例如它热值及热效率低，体积大而不易运输，直接燃烧生物质的热效率仅为10% ~ 30%。因此，合理有效地利用生物质能，还需要开发先进实用的生物质能利用技术。

生物质能的开发利用大致有以下几种方式：

（1）农作物秸秆和薪柴的直接燃烧；

（2）通过微生物发酵制取沼气和酒精；

（3）通过热化学途径获取合成气和甲醇；

（4）种植能源作物，提取植物燃料油。

（1）热值

1千克（每立方米）某种固体（气体）燃料完全燃烧放出的热量称为该燃料的热值，属于物质的特性，符号是q，单位是焦耳每千克，符号是J/kg（ J/m³ ）。热值反映了燃料燃烧特性，即不同燃料在燃烧过程中化学能转化为内能的本领大小。

 沼气池

（2）微生物

　　微生物是一切肉眼看不见或看不清的微小生物，个体微小，结构简单，通常要用光学显微镜和电子显微镜才能看清楚的生物，统称为微生物。微生物包括细菌、病毒、霉菌、酵母菌等。

（3）甲醇

　　甲醇是结构最为简单的饱和一元醇，化学式CH_3OH。甲醇是无色有酒精气味易挥发的液体，有毒，误饮5～10毫升能双目失明，大量饮用会导致死亡。它用于制造甲醛和农药等，并用作有机物的萃取剂和酒精的变性剂等，通常由一氧化碳与氢气反应制得。

14
薪柴与畜力

生物质是一种直接或间接利用绿色植物进行光合作用而形成的有机物质，它包括所有的动物、植物和微生物，以及由这些生物产生的排泄物和代谢物。

我们知道，各种生物质都有一定的能量，例如动物中的牛、马会耕地、拉车，通常称为畜力；植物的茎秆或叶子，可以当柴烧，通常称为薪柴；还有我们肉眼看不见的微生物，它们的能量也不小，如酵母菌可以酿酒、制醋、制取沼气等。这些好似平常之事，但如果把它们作为一种生物质能源，一种可再生能源，一种清洁无污染能源，则不是我们每个人都清楚的。

从人类发展历史来看，生物质确实为人类提供了基本的燃料——薪柴。在自然界中，植物的叶绿素在阳光照射下，经过光合作用，把水和二氧化碳转化为碳水化合物一类的化学能，人们取薪柴为燃料，又把这种化学能转变成热能加以利用。

（1）有机物质

有机物质即有机化合物。分子较大的含碳化合物（一氧化碳、二氧化碳、碳酸盐、金属碳化物等少数简单含碳化合物除外）或碳氢化合物及其衍生物的总称。有机物质是生命产生的物质基础。

（2）酵母菌

　　酵母菌是一些单细胞真菌，并非系统演化分类的单元。酵母菌是人类文明史中被应用得最早的微生物，可在缺氧环境中生存，属于兼性厌氧菌。目前已知有1000多种酵母。

（3）碳水化合物

　　碳水化合物亦称糖类化合物，是自然界存在最多、分布最广的一类重要的有机化合物，主要由碳、氢、氧所组成。葡萄糖、蔗糖、淀粉和纤维素等都属于糖类化合物。

 柴火

15
农牧民的能源

　　科学家们估计，地球上蕴藏的生物质可达1.8万亿吨，而植物每年经太阳的光合作用生成的生物质总共为1440～1800亿吨，大约等于当今世界能源消耗总量的10倍。若包括动物排泄的粪便，其数量就更大了。但是，目前人们实际利用的生物质能量还非常小，而且利用效率也不高，据粗略估计，最多也不过占世界总能耗的15%左右。

　　全世界约25亿人的生活能源的90%以上是生物质能，其中主要是经济比较落后的发展中国家，例如中国约占总能耗的30%，非洲有些国家则高达60%，因为发展中国家的农村人口多，他们的生活燃料主要靠烧薪柴，甚至连牛、马、羊粪也被烧掉。

　　在能源大家族中，生物质能是最富有的成员，据国际能源局的调查报告显示，地球上每年产的生物质能是人类年消费能源总量的上千倍。生物质能包括沼气能、巨藻能、海带能、森林能源、能源作物等。这些能源都是可再生能源，清洁无污染，价廉物美。

🔍 森林能

（1）发展中国家

　　发展中国家指经济、社会方面发展程度较低的国家，与发达国家相对。通常指包括亚洲、非洲、拉丁美洲及其他地区的 130多个国家，占世界陆地面积和总人口的70%以上。发展中国家地域辽阔，人口众多，有广大的市场和丰富的自然资源。中国是最大的发展中国家。

（2）非洲

　　非洲位于亚洲的西南面，东濒印度洋，西临大西洋，北隔地中海与欧洲相望，东北角习惯上以苏伊士运河为非洲和亚洲的分界。非洲面积约占世界陆地总面积的20.2%，次于亚洲，为世界第二大洲。

（3）国际能源局

　　国际能源局是一个政府间的能源机构，是在1973年至1974年的石油危机后，于1974年11月成立的，它是隶属于经济合作和发展组织（OECD）的一个自治的机构。国际能源局由27个成员国组成，总部设在巴黎，拥有来自其成员国的190位能源专家和统计学家。

16

生物质资源的生力军——森林

　　世界上生物质能源十分丰富，据估计，地球上由光合作用生成的生物质能产量约为$10^{10} \sim 10^{11}$吨。从生物质存在的形态来看，森林的现存量约相当于地球上生物质现存量的90%，目前木质燃料在世界能源总消费量中仅占2%～5%。

　　生物质能源，特别是其中的森林能源，是一次栽植可以多次萌生的循环再生能源，也可称为取之不尽的能源。森林通过光合作用，每年形成的有机质总量约达730亿吨，占地球生物初生有机质产量的44.5%。森林积蓄的碳量约占植物所蕴藏总碳量的90%。全世界约有28亿公顷郁闭林，约占森林总面积的69%；约有13亿公顷稀疏林和在休耕地上重新生长出来的森林4.06亿公顷。发展中国家的天然灌木林和退化森林地约有6.75亿公顷，如果把后两种林地与稀疏林、郁闭林加在一起，世界森林总面积达52亿公顷，约占世界土地总面积的40%。不算耕地林和森林之外的树林，全世界的郁闭林、稀疏林面积比农田面积大两倍，比草地面积大75%。

（1）郁闭林

　　根据联合国粮农组织规定，将郁闭度0.70（含0.70）以上的密林称为郁闭林。郁闭度指森林中乔木树冠遮蔽地面的程度，它是反映林分密度的指标。它是以林地树冠垂直投影面积与林地面积之比，以十分数表示，完全覆盖地面为1。简单地说，郁闭度就是指林冠覆盖面积与地表面积的比例。

（2）灌木林

　　灌木林是指由无明显主干、分枝从近地面处开始、群落高度在3米以下、且不能改造为乔木的多年生木本植物群落占优势的植被类型。在气候干燥或寒冷、不适宜乔木生长的地方，常有灌木林分布。中国从平地到海拔3000～5000米的高山，也常见到天然灌木林。

（3）草地

　　草地是生长草本和灌木植物为主并适宜发展畜牧业生产的土地。它具有特有的生态系统，是一种可更新的自然资源。世界草地面积约占陆地总面积的1/5，是发展草地畜牧业的最基本的生产资料和基地。

　　生物质资源的生力军——森林

17
中国的森林能源

　　森林能源是森林生长和林业生产过程提供的生物质能源，主要是薪材，也包括森林工业的一些残留物等。森林能源在我国农村能源中占有重要地位，1980年前后全国农村消费森林能源约1亿吨标煤，占农村能源总消费量的30%以上，而在丘陵、山区、林区，农村生活用能的50%以上靠森林能源。

　　薪材来源于树木生长过程中修剪的枝杈，木材加工的边角余料，以及专门提供薪材的薪炭林。1979年全国合理提供薪材量8885万吨，实际消耗量18 100万吨，薪材过樵1倍以上；1995年合理可提供森林能源14 322.9万吨，其中薪炭林可供薪材2000万吨以上，全国农村消耗21 339万吨，供需缺口约7000万吨。

（1）丘陵

　　丘陵一般海拔在200米以上，500米以下，相对高度一般不超过200米，起伏不大，坡度较缓，地面崎岖不平，是由连绵不断的低矮山丘组成的地形。

中国的森林能源

（2）山区

　　习惯上把山地、丘陵分布地区，连同比较崎岖的高原，都叫山区。与平原相比，山区不大适宜发展农业，易造成水土流失，但是某些水热条件比较好的地区，可以大力发展林业、牧业，还可以被开发出观光旅游区，为当地人们增加收入。

（3）林区

　　林区是以生长、培育、保护和经营林业生产为主的成片原始林、次生林和人工林覆盖的地区。林区是我国的县级行政单位，我国目前仅有一个，为湖北省的神农架林区。

18
能源林效益分析

　　近5年来，瑞典柳树无性系能源林的种植面积不断增大，主要与瑞典农民贸易协会及其他各种机构把柳树作为一种农作物来推广有关。同时政府的补助金制度也为柳树能源林的大面积推广提供了必要条件。目前，瑞典南部及中部柳树能源林约有11 000公顷，其中2000公顷是1994年种植的，1995年计划种植5000公顷。这些能源林每年每公顷平均的生物量生产为10～12吨，相当于25～30米木材或4～5吨燃油，约合25～30桶原油。如将所产的生物量用来发电，按照我国国产直燃发电机组发电效率单位电量原料消耗量1.37千克/千瓦·时计算，这些能源林每年每公顷可供发电7300～8760千瓦·时；若按照进口直燃发电机组发电效率单位电量原料消耗量1.05千克/千瓦·时计算，则每年每公顷可供发电9500～11430千瓦·时。如果以竹柳作为分析对象，在超高密度（150 000～20 000万株/公顷）、超短期轮伐（轮伐期1～2年）的情况下，其每年每公顷平均的生物量生产可达37.8吨以上，相当于94.5米木材或15.12吨燃油，约合94桶原油。如将所产的生物量用来发电，按照我国国产直燃发电机组发电效率单位电量原料消耗量1.37千克/千瓦·时计算，这些能源林每年每公顷可供发电27 560千瓦·时。

（1）瑞典

　　瑞典王国位于北欧斯堪的纳维亚半岛的东南部，面积约45万平方千米，是北欧最大的国家。1950年5月9日同中国建交。瑞典是高度发达的先进国家，国民享有高标准的生活品质。按人口比例计算，瑞典是世界上拥有跨国公司最多的国家。

（2）无性系

　　以树木单株营养体为材料，采用无性繁殖法繁殖的品种（品系）称无性系品种（品系），简称无性系。

（3）原油

　　原油是指从地下开采出来的天然石油。它是一种黏稠的、深褐色（有时有点绿色）的，以碳氢化合物为主要成分的液体，是石油刚开采出来未经提炼或加工的物质。

 柳树

19
中国的农作物秸秆

农作物秸秆是农业生产的副产品，也是我国农村的传统燃料。秸秆资源与农业主要是种植业生产关系十分密切。根据1995年的统计数据计算，我国农作物秸秆年产出量为6.04亿吨，其中造肥还田及其收集损失约占15%，剩余5.134亿吨。可获得的农作物秸秆5.134亿吨，除了作为饲料、工业原料之外，其余大部分还可作为农户炊事、取暖燃料，目前全国农村作为能源的秸秆消费量约2.862亿吨，但大

 农作物秸秆

多处于低效利用方式即直接在柴灶上燃烧，其转换效率仅为10%～20%左右。随着农村经济的发展，农民收入的增加，地区差异正在逐步扩大，农村生活用能中商品能源的比例正以较快的速度增加。事实上，农民收入的增加与商品能源获得的难易程度都能成为他们转向使用商品能源的契机与动力。在较为接近商品能源产区的农村地区或富裕的农村地区，商品能源（如煤、液化石油气等）已成为其主要的炊事用能。以传统方式利用的秸秆首先成为被替代的对象，致使被弃于地头田间直接燃烧的秸秆量逐年增大，许多地区废弃秸秆量已占总秸秆量的60%以上，既危害环境，又浪费资源。因此，加快秸秆的优质化转换利用势在必行。

（1）饲料

饲料是所有人饲养的动物的食物的总称，比较狭义的一般饲料主要指的是农业或牧业饲养的动物的食物。饲料包括大豆、豆粕、玉米、鱼粉、氨基酸、杂粕、添加剂、乳清粉、油脂、肉骨粉、谷物、甜高粱等十余个品种的饲料原料。

（2）燃烧

燃烧是一种发光、发热、剧烈的化学反应。燃烧是可燃物跟助燃物（氧化剂）发生的一种剧烈的、发光、发热的化学反应。

（3）商品

商品指商品流通企业外购或委托加工完成，验收入库用于销售的各种商品。商品的基本属性是价值和使用价值。价值是商品的本质属性，使用价值是商品的自然属性。

20
中国的生物能资源

我国拥有丰富的生物质能资源，据测算，我国理论生物质能资源为50亿吨左右标准煤，是目前中国总能耗的4倍左右。在可收集的条件下，我国目前可利用的生物质能资源主要是传统生物质，包括农作物秸秆、薪柴、禽畜粪便、生活垃圾、工业有机废渣与废水等。

农业产出物的51%转化为秸秆，年产约6亿吨，约3亿吨可作为燃料使用，折合1.5亿吨标准煤；林业废弃物年可获得量约9亿吨，约3亿吨可能

🔍 高粱

源被利用，折合2亿吨标准煤。甜高粱、小桐子、黄连木、油桐等能源作物可种植面积达2000多万公顷，可满足年产量约5000万吨生物液体燃料的原料需求。畜禽养殖和工业有机废水理论上可年产沼气约800亿立方米。

生物燃料既有助于促进能源多样化，帮助我们摆脱对传统化石能源的严重依赖，还能减少温室气体排放，缓解对环境的压力。所以，它被视为替代燃料之一，对于加强能源安全有着积极的意义。

（1）甜高粱

甜高粱也叫"二代甘蔗"。因为它上边长粮食，下边长甘蔗，所以又叫"雅津高粱甘蔗"。甜高粱可以生食、制糖、制酒，也可以加工成优质饲料。亩产甘蔗2万公斤，产籽种450公斤。

（2）黄连木

黄连木别名楷木、楷树等，为漆树科落叶木本油料及用材树种，冬芽红色。各部分都有特殊气味。其树冠开阔，叶繁茂而秀丽，入秋变鲜红色或橙红色。

（3）油桐

油桐，落叶乔木，高3~8米。可提炼桐油。桐油是重要工业用油，制造油漆和涂料，经济价值特高。桐油广泛用于制漆、塑料、电器、人造橡胶、人造皮革、人造汽油、油墨等制造业。油桐是我国特有经济林木，它与油茶、核桃、乌桕并称我国四大木本油料植物。

21
植物中的氢

　　氢燃烧时所释放出来的能量，按单位重量计算，超过任何一种有机燃料，比汽油的能量还要高出3倍，所以是一种新型的高能量无污染的燃料。人们在开发生物质能的过程中，发现了从绿色植物中获得

🔎 植物中的氢

氢能源的途径。我们知道，植物的绿叶是光合作用的工厂，它发生光合作用（一种化学作用）的实质，是空气中的二氧化碳在植物体内，与从水分子中脱离出来的氢发生化合作用，形成碳水化合物。同时氧气作为光合作用的副产品，被释放到空气中，又被生物所吸收。1942年，有两位美国科学家发现，一种已在地球上存在了30亿年的蓝绿色海藻，在一定条件下，光合作用的结果不是氧气，而是氢气。于是科学家们便想象着从绿色植物中获得氢。他们的方法是：当绿色植物的光合作用进行到分解水的阶段，然后从植物体内把氢分离出来。

（1）氢

　　氢是一种化学元素，在元素周期表中位于第一位。它的原子是所有原子中最小的。氢通常的单质形态是氢气。它是无色无味无臭，极易燃烧的由双原子分子组成的气体，氢气是最轻的气体。

（2）光合作用

　　光合作用即光能合成作用，是植物、藻类和某些细菌，在可见光的照射下，经过光反应和暗反应，利用光合色素，将二氧化碳（或硫化氢）和水转化为有机物，并释放出氧气（或氢气）的生化过程。

（3）化合作用

　　化合作用指的是由两种或两种以上的物质生成一种新物质的作用。其中部分反应为氧化还原作用，部分为非氧化还原作用。

22
解决生活能源的途径

 煤厂

　　生物质能是广大农村最基本的生活能源，其中秸秆和薪柴是重要的传统燃料，而牛、马、驴、骡都是主要的耕地和负重工具。

　　目前，农村使用的常规能源在全国所占的比例还很小。据统计，每年全国向农村销售的煤炭只有2000～3000万吨，农村用电只占全国的11%～12%，农业机械所用的柴油只有1000万吨左右。所以农村的生活能源仍然主要是生物质能，以生物燃料秸秆和牛、马、驴、骡等为主。在中国约2亿户农业人口中，假如每户每天烧掉10千克生物燃料，农村每年就要消耗6.2亿多吨。据估算，每年全国农作物的秸秆约4.58～5亿吨，虽然其中约1/2～2/3都作为生活燃料，但仍缺少22%左右，每年约有一半的农户缺少3～4个月的生活燃料。中国农村人口多，生物质燃料需求量大，同时直接燃烧的有效利用率又低，所以能源浪费极大。而且散失的有机氮也很大，有人计算过，大约相当于用500万吨标准煤生产出来的硫胺量，实在可惜了。

因此，在农村大力营造薪炭林，大力兴办沼气，同时开发农村小水电、太阳能、风能等能源，迫在眉睫。

（1）农业机械

农业机械是指在作物种植业和畜牧业生产过程中，以及农、畜产品初加工和处理过程中所使用的各种机械。农业机械包括农用动力机械、农田建设机械、土壤耕作机械、种植和施肥机械、作物收获机械、农产品加工机械、畜牧业机械和农业运输机械等。

（2）有机氮

有机氮是指含氮的有机化合物中的氮，分子中通常含有C–O–N，含氮有机化合物如硝酸酯、亚硝酸酯等，广泛存在于自然界，是一类非常重要的化合物。许多有机含氮化合物具有生物活性，如生物碱；有些是生命活动不可缺少的物质，如氨基酸等。

（3）硫胺

硫胺是B族维生素之一，辅酶形式是焦磷酸硫胺素（TPP）。缺乏它会引起脚气病，也可能涉及神经组织中阴离子通道的调节，与抗神经炎有关。

23
令人叹息的现实

由于世界经济发展不均衡，能源生产、消费水平也不一样，至今仍有约占世界总人口1/4以上的15亿人口，以柴、草等生物质能为主要生活能源，生物质能仍占有相当重要的地位。

然而，把生物质燃料作为能源直接烧掉是非常可惜的，是一笔巨大的损失。如果把生物质燃料作为材料、原料、肥料和饲料使用，或者进行综合利用，比直接燃烧要经济得多，同时也能节约更多的能源。比方说，把木材当作燃料直接烧掉，一吨木材的热值只相当于半吨标准煤，而在建筑中作材料使用，假使一吨木材顶替一吨钢材的话，那么，一吨木材就可当2.5吨标准煤，因为生产一吨钢材需要消耗2.5吨标准煤。所以，一吨木材在建筑上使用比当作燃料使用可节约2吨标准煤。

2006年底全国已经建设农村户沼气池近1870万口，生活污水净化沼气池14万处，畜禽养殖场和工业废水沼气工程2000多处，年产沼气约90亿立方米，为近8000万农村人口提供了优质生活燃料。

中国已经开发出多种固定床和流化床气化炉，以桔秆、木屑、稻壳、树枝为原料生产燃气。2006年用于木材和农副产品烘干的有800多台，村镇级桔秆气集中供气系统近600处，年生产物质燃气2000万立方米。

（1）木材

　　木材是能够次级生长的植物，如乔木和灌木所形成的木质化组织。这些植物在初生生长结束后，根茎中的维管形成层开始活动，向外发展出韧皮，向内发展出木材。木材是维管形成层向内发展出植物组织的统称，包括木质部和薄壁射线。

（2）钢材

　　钢材应用广泛、品种繁多，根据断面形状的不同、钢材一般分为型材、板材、管材和金属制品四大类。大部分钢材加工都是钢材通过压力加工，使被加工的钢产生塑性变形。根据钢材加工温度不同，可以分为冷加工和热加工两种。

（3）标准煤

　　标准煤亦称煤当量，具有统一的热值标准。我国规定每千克标准煤的热值为 2.93×10^7 焦。将不同品种、不同含量的能源按各自不同的热值换算成每千克热值为 2.93×10^7 焦的标准煤。

木材

24
烧柴草引来的矛盾

　　当前，发展中国家的农村人口占世界人口的1/4，以烧柴草为主要生活能源的现实，已引起一系列的矛盾。

　　柴草和秸秆的热能有效利用率很低，一般只有10%，效率较高的也不超过15%，浪费了85%～90%，这是资源的巨大浪费。这种不合理使用生物能的方式，带来了许多严重后果，比如，把秸秆烧掉，虽然草木灰可以当作肥料肥田，但质量却降低了不少，因为肥料中的有机氮已经随着燃烧而变化成了氮的氧化物气体，扩散到空气中去了。这样一来，土壤中的有机质得不到补充，土壤与农作物之间的物质循环即遭到破坏，以致土壤肥力下降，农作物产量得不到提高。还有，人们在直接从自然界取得生物质燃料的过程中，由于乱砍滥伐林木、乱铲草皮，使广大地域的植被受到严重损毁，降低了土壤涵养水分的能力，造成水土流失、土壤沙化、部分河流湖泊和水库的泥沙迅速淤积，农业生态环境日益恶化。因此，烧掉的生物能燃料越多，对农、林、牧的发展就越不利，对自然环境的破坏就越大。

🔍 柴草垛

（1）草木灰

植物（草本和木本植物）燃烧后的残余物，称为草木灰。因草木灰为植物燃烧后的灰烬，所以凡是植物所含的矿质元素，草木灰中几乎都含有。草木灰质轻且呈碱性，干时易随风而去，湿时易随水而走，与氮肥接触易造成氮素挥发损失。

（2）土壤肥力

土壤肥力是土壤为植物生长提供和协调营养条件和环境条件的能力，是土壤各种基本性质的综合表现，是土壤区别于成土母质和其他自然体的最本质的特征，也是土壤作为自然资源和农业生产资料的物质基础。

（3）生态环境

生态环境就是"由生态关系组成的环境"的简称，是指与人类密切相关的，影响人类生活和生产活动的各种自然（包括人工干预下形成的第二自然）力量（物质和能量）或作用的总和。

25
生物质能的转化

生物质能的利用主要有直接燃烧、热化学转换和生物化学转换等3种途径。生物质的直接燃烧在今后相当长的时间内仍将是我国生物质能利用的主要方式。当前改造热效率仅为10%左右的传统烧柴灶，推广效率可达20%～30%的节柴灶这种技术简单、易于推广、效益明显的节能措施，被国家列为农村新能源建设的重点任务之一。生物质的热化学转换是指在一定的温度和条件下，使生物质汽化、炭化、热解和催化液化，以生产气态燃料、液态燃料和化学物质的技术。

秸秆、柴草等生物物质，在一定的条件下可以转化成气体燃料。例如，通过热化学转化，可以生成煤气，人们通常称为木煤气；通过生物化学转化，能生成一种可以燃烧的气体，这就是人们通常说的沼气。

无论是木煤气还是沼气，都可以用来做饭、取暖、烘干和作为动力，既方便，又干净，同时还能大幅度地提高热能利用率，节约其他能源。因此，生物物质气化技术的应用和发展，是解决农村能源短缺的重要途径之一，也是广大农村能源建设的重要方面。

生物质的热化学转化，使用的原料是柴草和农作物的秸秆。把原料装在气化器里，在高温、缺氧和气化剂的作用下，它们分解，产生一氧化碳和氢气。每立方米木煤气燃烧，大约可以产生3767～10 301焦耳的热量。

（1）木煤气

　　木材等在隔绝空气的条件下，加强热使之分解，干馏得到的煤气，称为木煤气。木煤气可以用来做饭、取暖、烘干等，既方便，又干净。

（2）一氧化碳

　　一氧化碳纯品为无色、无臭、无刺激性的气体，在水中的溶解度甚低，但易溶于氨水。一氧化碳进入人体之后会和血液中的血红蛋白结合，进而使血红蛋白不能与氧气结合，从而引起机体组织出现缺氧，导致人体窒息死亡。因此一氧化碳具有毒性。

（3）焦耳

　　詹姆斯·普雷斯科特·焦耳，英国物理学家。由于他在热学、热力学和电学方面的贡献，皇家学会授予他最高荣誉的科普利奖章。后人为了纪念他，把能量或功的单位命名为"焦耳"，简称"焦"；并用焦耳姓氏的第一个字母"J"来标记热量。

煤气工厂

26

生物质的化学转化

　　热解产生的木煤气，由于里面含有二氧化碳和水蒸气等不能燃烧的杂质，所以是一种不纯净的低热值气体燃料，只可以用来烧锅炉、取暖、烘干和烧水做饭。只有经过净化处理，它才可以作内燃机的燃料，作为动力和发电使用。

　　目前科学家正在研究，如何使这种低热值的木煤气转变成中、高热值的煤气，设想用氧或水蒸气作气化剂，使柴草秸秆气化，然后再把所产生的气体净化，除去二氧化碳、硫化氢和水蒸气等杂质，来代替天然气使用，或把净化后的煤气转化成甲醇，也就是木精来使用。

　　生物质的生物化学转化，是利用厌氧微生物在缺少氧气的条件下，把生物质转化成沼气。沼气的原料除了含木质素比较多的东西以外，还包括粪便、作物秸秆、杂草和树叶、水生植物等，通常能将一半左右的有机物转化为甲烷和二氧化碳的混合气体。沼气的热值比较高，每立方米可达$2.1 \times 10^7 \sim 2.5 \times 10^7$焦耳，是一种适合用作炊事和动力的优质燃料。同时，沼气池中剩下的渣子或污泥还是一种优质的有机肥料。

🔍 天然气净化厂

（1）净化

　　净化是指在一定空间范围内，将空气中的微粒子、有害空气、细菌等污染物排除，并将室内温度、洁净度、压力、气流速度与气流分布、噪音振动及照明、静电控制在某一需求范围内的工程学科。

（2）动力

　　动力即一切力量的来源，主要分为机械类和管理类。它是使机械作功的各种作用力，如水力、风力、电力等。比喻推动工作、事业等前进和发展的力量。

（3）硫化氢

　　硫化氢（H_2S）是硫的氢化物中最简单的一种，又名氢硫酸。其分子的几何形状和水分子相似，为弯曲形。常温时硫化氢是一种无色、有臭鸡蛋气味的剧毒气体，必须采取防护措施在通风处进行使用。

27
生物质的汽化

　　生物质通过微生物的作用、自身的分解或其他方面的变化，成为可燃性的气体或液体，就达到了汽化或液化的目的。生物质作为微生物的养料，借微生物制造沼气，属于生物质能的转换，也可以称为生物质间接汽化。生物质通过自身的分解，也可以生成燃料气，这个过程叫直接气化。生物质还可通过直接或间接的方法生成流体燃料，如乙醇、甲醇和生物柴油等，叫做生物质的液化。此外，还可以把生物质压制成块状、棒状燃料，以便集中利用，提高燃烧热值，叫做生物质的固体化。

　　简单来说，生物质的汽化过程是一个不完全的氧化过程。因为完全氧化即燃烧，产生的气体为二氧化碳，而二氧化碳是不可燃烧的气体。如果把生物质放在一种不完全氧化的状态下，所产生的气体就含有大量的一氧化碳，俗称"水煤气"，这是一种可燃烧的气体，就好像城市里的煤气一样。生物质汽化反应，必须在生物质燃烧时氧不足的情况下进行，一般只通入20%的氧气，让生物质处于一种不完全燃烧的状态。通常这种氧化不需要外加热，生物质本身放出的热量就足够了。

（1）微生物

微生物是一切肉眼看不见或看不清的微小生物，个体微小，结构简单。通常要用光学显微镜和电子显微镜才能看清楚的生物，统称为微生物。微生物包括细菌、病毒、霉菌、酵母菌等。

（2）汽化

汽化是指物质由液态转变为气态的相变过程。液体中分子的平均距离比气体中小得多。汽化时分子平均距离加大、体积急剧增大，需克服分子间引力并反抗大气压力做功。因此，汽化要吸热。

（3）氧化

氧化是指物质原子丢掉电子，氧化剂获得电子的过程。狭义的氧化指物质与氧结合的过程。

 移动式沼气提纯站

28
生物质的液化

生物质液化所产生的气体，其组成成分为一氧化碳、氢、甲烷和二氧化碳等的混合气体。如此看来，生物质的汽化反应比生物质的直接燃烧效率要高出4～6倍。

生物质的液化方法很多，主要有热化学分解法（汽化、高温分解）、生物化学法（水解、发酵）、机械法（压榨、提取）、化学合成法（甲醇合成、酯化）等。液化所得的产品为醇类燃料（甲醇和乙醇）和生物柴油，是未来代替汽油和柴油的新型能源。未来，醇类燃料必将成为代用燃料，目前已有不少汽车都在掺烧甲醇（木精）或乙醇（酒精）。也有的车辆专门使用甲醇或乙醇，如德国大众汽车公司生产的用甲醇做燃料的汽车。

近年来，许多欧美国家研制了多种生物质压块燃料，有的是全部用生物质挤压成型，有的还掺进低热值化石燃料，如泥炭、褐煤等，以增加密度，提高热效。有一种添加化石燃料的生物质压块，经过适当的物理化学处理，并经热压成型后，热值很高，而且燃烧时的灰渣较少，烟尘也不多，可以用于火电厂代替煤炭，经济效益明显。

○ 露天煤矿

（1）泥炭

　　泥炭是一种经过几千年所形成的天然沼泽地产物，是煤化程度最低的煤，同时也是煤最原始的状态，它无菌、无毒、无污染，通气性能好，质轻、持水、保肥，有利于微生物活动，增强生物性能，营养丰富，含有很高的有机质、腐殖酸及营养成份。

（2）褐煤

　　褐煤又名柴煤，是煤化程度最低的矿产煤，是一种介于泥炭与沥青煤之间的棕黑色、无光泽的低级煤，化学反应性强，在空气中容易风化，不易储存和远运。

（3）烟尘

　　烟尘是指燃料燃烧产生的一种固体颗粒气溶胶。根据我国的习惯，一般将冶金过程或化学过程形成的固体粒子气溶胶称为烟尘；燃烧过程产生的飞灰和黑烟，在不必细分时，也称为烟尘。在其他情况或泛指固体粒子气溶胶时，通称为粉尘。

29
生物燃料

　　生物燃料（木材、秸秆等）既是重要的能源（燃料），又是不可多得的原材料资源，它们用途广泛，为经济建设所不可或缺。

　　木材是经济建设的重要资源，是人们生活中必不可少的物资，在建筑、采矿、家具等方面，都有广泛的用途。作物秸秆，是手工编织的重要材料；木材、秸秆、芦苇、甘蔗渣等，是造纸和人造纤维的重要原料，同时还可以用来制造酒精、甲醇等化学工业品。

　　生物燃料，大多含有丰富的氮、磷、钾等有用元素，及各种有机质，是优良的肥料资源。中国农村传统的粪肥和绿肥，没有污染，没有毒害，在当今化肥、农药污染严重的情势下，是不可多得的肥料。

　　秸秆和青草是牲畜的饲料，发展畜牧，全靠这些饲料，没有了它们，畜牧业的发展将无从谈起。

　　秸秆、青草和畜粪等有机物质，可以经过发酵制造沼气，供做饭、烧水、照明等使用。

　　总之可以说，生物燃料既是不可多得的能源，又是不可多得的原料，应该得到社会的高度重视。

（1）原材料

原材料即原料和材料。原料一般指来自矿业和农业、林业、牧业、渔业的产品；材料一般指经过一些加工的原料。举例来讲，林业生产的原木属于原料，将原木加工为木板，就变成了材料。

（2）建筑

建筑是人们用土、石、木、钢、玻璃、芦苇、塑料、冰块等一切可以利用的材料，建造的构筑物。建筑的本身不是目的，建筑的目的是获得建筑所形成的"空间"。

（3）采矿

采矿是自地壳内和地表开采矿产资源的技术和科学。广义的采矿还包括煤和石油的开采。采矿工业是一种重要的原料工业，金属矿石是冶炼工业的主要原料，非金属矿石是重要的化工原料和建筑材料。

🔍 青草

30
生物质能的诸多用处

各种生物质不仅可以用作燃料，还可以作为机器部件、生活用品、各种化学产品的原料资源，用途十分广泛。

美国1992年用木材和其他植物原料（统称生物质能）发电，规模相当于6个核电站。大部分小型生物能电站的规模约为标准燃煤电站规模的10%，且仅使用较低技术级别的锅炉和蒸汽发电机。

生物质发电新型技术刚刚起步，各国能源开发组织正在从事多项研究，例如，有的国家正在研究

🔍 生物质发电

燃烧整体树发电技术；夏威夷太平洋国际高科技研究中心建造了一座小型工业气化器，把甘蔗废料转换成为在涡轮机中燃烧发电的气体。

因此，人们普遍认为，生物质能是一种具有很大潜力的再生资源，未来可望对发电业做出重大贡献。

生物燃料用途表

生物燃料	做燃料用	民用炉灶
		锅炉
	做材料用	建筑
		开矿
		铁路
		家具
	做原料用	人造纤维
		造纸
		酒精、甲醇等
	做肥料用	
	做饲料用	
	综合利用（制取沼气等）	

（1）家具

广义的家具是指人类维持正常生活、从事生产实践和开展社会活动必不可少的一类器具。狭义的家具是指在生活、工作或社会实践中供人们坐、卧或支撑与贮存物品的一类器具。

（2）人造纤维

人造纤维是化学纤维的两大类之一。用某些天然高分子化合物或其衍生物做原料，经溶解后制成纺织溶液，然后纺制成纤维，竹子、木材、甘蔗渣、棉子绒等，这些都是制造人造纤维的原料。重要品种有粘胶纤维、醋酸纤维、铜氨纤维等。

（3）造纸

造纸生产分为制浆和造纸两个基本过程。制浆就是用机械的方法、化学的方法或者两者相结合的方法把植物纤维原料离解变成本色纸浆或漂白纸浆。造纸则是把悬浮在水中的纸浆纤维，经过各种加工结合成合乎各种要求的纸页。

31
中国的生活垃圾

🔍 生活垃圾

　　随着城市规模的扩大和城市化进程的加速，中国城镇垃圾的产生量和堆积量逐年增加。1991和1995年，全国工业固体废物产生量分别为5.88亿吨和6.45亿吨，同期城镇生活垃圾量以每年10%左右的速度递增。1995年中国城市总数达640座，垃圾清运量10 750万吨。

城镇生活垃圾主要是由居民生活垃圾，商业、服务业垃圾和少量建筑垃圾等废弃物所构成的混合物，成分比较复杂，其构成主要受居民生活水平、能源结构、城市建设、绿化面积以及季节变化的影响。中国大城市的垃圾构成已呈现向现代化城市过渡的趋势，有以下特点：一是垃圾中有机物含量接近1/3甚至更高；二是食品类废弃物是有机物的主要组成部分；三是易降解有机物含量高。目前中国城镇垃圾热值在4×10^3焦耳/千克左右。

（1）工业

工业是社会分工发展的产物，经过手工业、机器大工业、现代工业几个发展阶段。在古代社会，手工业只是农业的副业，经过漫长的历史过程，工业是指采集原料，并把它们在工厂中生产成产品的工作和过程。

（2）商业

商业是以货币为媒介进行交换从而实现商品的流通的经济活动。商业有广义与狭义之分。广义的商业是指所有以营利为目的的事业；而狭义的商业是指专门从事商品交换活动的营利性事业。

（3）城市

城市是以非农业产业和非农业人口集聚形成的较大居民点（包括按国家行政建制设立的市、镇）。一般而言，人口较稠密的地区称为城市，一般包括了住宅区、工业区和商业区并且具备行政管辖功能。

32
垃圾是废物吗

　　从科学意义讲，垃圾并不等同于废物，许多垃圾都有利用价值，可以作为二次资源加以利用，可以从中获得大量的有用资源。因此，不能把所有的垃圾都当成废物丢掉，应当把垃圾作为一种可以再生的

🔍 垃圾

资源和能源加以利用。

据分析测算，垃圾的成分按重量划分，有废纸类，占40%；黑色和有色金属类，占3%~5%；废弃食物类，占25%~40%；塑料类，占1%~2%；纺织物类，占4%~6%；玻璃类，占4%等。大约有80%的垃圾为潜在的原料资源，可以重新在经济循环中发挥作用。

回收利用垃圾中有用的成分，作为再生原料，具有一系列的优点，例如：收集、分选和富集费用比初始原料开采和富集的费用低，并且可以节省自然资源，缓和自然资源的紧张状况；更重要的是还可以避免环境污染，具有良好的经济效益、社会效益和环境效益。

（1）经济

经济是人类社会的物质基础。与政治是人类社会的上层建筑一样，经济是构建人类社会并维系人类社会运行的必要条件。其具体含义随语言环境的不同而不同，大到一国的国民经济，小到一家的收入支出，有时候用来表示财政状态，有时候又会用来表示生产状态。

（2）社会

社会在现代意义上是指为了共同利益、价值观和目标的人的联盟。社会是共同生活的人们通过各种各样社会关系联合起来的集合，其中形成社会最主要的社会关系包括家庭关系、共同文化以及传统习俗。

（3）环境

环境既包括以空气、水、土地、植物、动物等为内容的物质因素，也包括以观念、制度、行为准则等为内容的非物质因素；既包括自然因素，也包括社会因素；既包括非生命体形式，也包括生命体形式。环境是相对于某个主体而言的，主体不同，环境的大小、内容等也就不同。

33
垃圾能源

🔍 垃圾填埋场

　　随着垃圾中可燃物质的增多，不少国家和地区，把垃圾作为能源的潜在资源，开始进行从垃圾有机质中回收能源的研究工作，并已取得很大成果。

　　垃圾中含有较多的可燃物，特别是城市生活垃圾，一般含有30%的可燃物，有的只需要添加一些辅助燃料就可以燃烧。许多国家采用焚烧法来处理垃圾。垃圾焚烧后，体积可缩小到原来体积的5%左右。

无菌消毒彻底，而且焚烧产生的热量还可以用来发电和供热，既解决了垃圾处理问题，又提供了新的能源途径。

日本、美国等国家，利用焚烧法处理垃圾已达到总量的60%以上。日本横滨，每天焚烧垃圾600吨，发电2800千瓦/时；美国纽约一发电厂每年处理垃圾60万吨，可发电2.5亿千瓦/时。一般，燃烧4吨垃圾产生的热能与一吨煤油产生的热能大体相同。利用垃圾发电已在许多国家开展起来了。

我们国内的一些城市，要求居民将垃圾分类，分别放入不同垃圾箱，以便回收。这是回收垃圾能源的起点，必将获得所有人的支持。

（1）生活垃圾

生活垃圾是指在日常生活中或者为日常生活提供服务的活动中产生的固体废物以及法律、行政法规规定视为生活垃圾的固体废物。生活垃圾一般可分为四大类：可回收垃圾、厨房垃圾、有害垃圾和其他垃圾。

（2）可燃物

凡是能与空气中的氧或其他氧化剂起燃烧化学反应的物质称为可燃物。可燃物按其物理状态分为气体可燃物、液体可燃物和固体可燃物三种类别。可燃烧物质大多是含碳和氢的化合物，某些金属如镁、铝、钙等在某些条件下也可以燃烧，还有许多物质如肼、臭氧等在高温下可以通过自己的分解而放出光和热。

（3）焚烧

在很多领域和工业废物处理中，都会用到焚烧这一工艺。焚烧是一个复杂的化学过程，涉及化学、传热、传质、流体力学、化学热力学、化学动力学等许多过程。

34
禽畜粪便

禽畜粪便也是一种重要的生物质能源。除在牧区有少量的直接燃烧外，禽畜粪便主要是作为沼气的发酵原料。中国主要的禽畜是鸡、猪和牛，根据这些禽畜品种、体重、粪便排泄量等因素，可以估算出粪便资源量。根据计算，目前我国禽畜粪便资源总量约8.5亿吨，折合7840多万吨标煤，其中牛粪5.78

 禽畜粪便

亿吨，折合4890万吨标煤，猪粪2.59亿吨，折合2230万吨标煤，鸡粪
0.14亿吨，折合717万吨标煤。

在粪便资源中，大中型养殖场的粪便更便于集中开发、规模化利
用。我国目前大中型牛、猪、鸡场约6000多家，每天排出粪尿及冲洗
的污水80多万吨，全国每年粪便污水资源量1.6亿吨，折合1157.5万吨
标煤。

（1）禽畜粪便

禽畜粪便又称禽畜废物。按照传统的养殖方法，禽畜栏舍常铺设槁草或
其他铺垫物，故此类废物实际是粪、尿和铺垫物的混合物，还包括不等量的
雨水和冲洗水。大多数新的大型禽畜养殖，已较少使用垫草，这类废物通常
都作为粪肥处理和使用。

（2）发酵

通常所说的发酵，多是指生物体对于有机物的某种分解过程。发酵是人
类较早接触的一种生物化学反应，如今在食品工业、生物和化学工业中均有
广泛应用。其也是生物工程的基本过程，即发酵工程。

（3）标煤

由于各种燃料燃烧时释放能量存在差异，国际上为了使用的方便，统
一标准，在进行能源数量、质量的比较时，将煤炭、石油、天然气等都按一
定的比例统一换算成标准煤来表示（1公斤标准煤的低位热值为29 270千焦
耳，即每公斤标准煤为29 270 000焦耳）。

35
甲醇和乙醇

目前世界已有一些公司计划开发气化器技术，生产环保燃烧的醇基燃料甲醇。夏威夷市太平洋国际高科技研究中心，根据市场需求，在20世纪90年代中期建造一座能发电并能生产甲醇的联合气化器装置，到2000年，这套技术已能生产各种化工产品。

◎ 谷类作物生产乙醇

　　1992年，美国用谷类作物生产乙醇约38亿升。尽管这一数字小于美国年耗运输燃料的1%，但也足以建成乙醇工业。在巴西美丽的圣保罗市街头，酒精加"油"站已开始营业。通过几种真菌微生物的联合发酵，可以将许多种包括野生植物在内的各类植物淀粉等，经糖化后转变成液体燃料酒精。巴西盛产甘蔗、木薯，为微生物发酵生产酒精，创造了得天独厚的有利条件。巴西决定大规模生产以酒精为动力的汽车，目前每年用甘蔗生产乙醇150亿升，能满足运输燃料需求的20%。

（1）醇基燃料

　　醇基燃料就是以醇类（如甲醇、乙醇、丁醇等）物质为主体配置的燃料。它是以液体或者固体形式存在的。它也是一种生物质能，和核能、太阳能、风力能、水力能一样，是各国政府目前大力推广的环保洁净能源。

（2）谷类作物

　　谷类作物包括水稻、玉米、小麦、大麦、黑麦、高粱、燕麦和小米，自一万年前被人类驯化以来，这些作物就是地球上的稳定食物组成。谷类作物也是食物产品和栽培面积中最重要的栽培作物，在我们每天的日常饮食中，60%以上的卡路里和蛋白质就是由谷类作物提供的。

（3）真菌微生物

　　真菌微生物是一种真核生物。最常见的真菌是各类蕈类，另外真菌也包括霉菌和酵母。现在已经发现了7万多种真菌，估计只是所有存在的真菌的一小半。

36
生物原油

🔍 汽油桶

　　纤维素是生物质的最大部分，如何利用纤维素和其他发酵原料转化成乙醇，将是一个巨大燃料源的系统工程。目前科罗拉多州格尔登国家再生能源试验室正在进行这方面的实验。

　　一些国家已研制出一种有价值的新技术，可以把能源作物和含有丰富纤维素的废料转换成生物原油。这种甜腻带色，具有相容性的浆液是制造各种化学产品的原料，后者可以生产生物降解塑料、黏合剂和氧化汽油等，同时还能降低一氧化碳排放和其他污染。相信在不远的将来，再造汽油一定可以基本上替代现在使用的这种污染型汽油。

广泛利用生物能源作燃料，具有许多用化石能源作燃料不可比拟的优点。它产生的二氧化碳更少，可以使城市的空气更洁净，地球上的生物更适于生存。

（1）纤维素

纤维素是由葡萄糖组成的大分子多糖，不溶于水及一般有机溶剂，是植物细胞壁的主要成分。纤维素是自然界中分布最广、含量最多的一种多糖，占植物界碳含量的50%以上。一般木材中，纤维素占40%～50%，还有10%～30%的半纤维素和20%～30%的木质素。

（2）乙醇

乙醇的结构简式为C_2H_5OH，俗称酒精，它在常温、常压下是一种易燃、易挥发的无色透明液体，它的水溶液具有特殊的、令人愉快的香味，并略带刺激性。乙醇的用途很广，可用乙醇来制造醋酸、饮料、香精、染料、燃料等。医疗上也常用体积分数为70%～75%的乙醇作消毒剂等。

（3）一氧化碳

一氧化碳纯品为无色、无臭、无刺激性的气体。一氧化碳进入人体之后会和血液中的血红蛋白结合，进而使血红蛋白不能与氧气结合，从而引起机体组织出现缺氧，导致人体窒息死亡。因此一氧化碳具有毒性。

37
甜高粱制酒精

　　以甜高粱制取酒精，可以做到粮食、能源双丰收。甜高粱是普通高粱的变种，茎秆富含糖分，类似甘蔗，而且适应性强，可在不同土壤、气候条件下生长，从热带到北纬48°的广大地区都能种植，耐旱性、耐盐碱性强，籽粒亩产可达300～400千克，不比普通高粱低。而

🔍 甜高粱制酒精

它的茎秆鲜重每亩高达4000千克，含糖量15%以上。据测算，每亩甜高粱的茎秆可制取燃料酒精100千克，美国达到190千克。同时，茎秆渣可做燃料、饲料，还可以加工成纤维板，综合经济效益十分明显。

酒精的热值虽然比汽油低，但自燃点比汽油高，抗爆性好。将酒精和汽油掺合使用，可提高汽油的抗爆性，增加酒精的低温蒸发力。一般酒精的掺入量为15%～25%，可以大量节省汽油。酒精还可以同柴油掺合使用。

（1）耐旱性

耐旱性指能耐受干旱而维持生命的性质。例如骆驼具有耐受血液浓缩的能力，仙人掌则有形态上的适应能力，以及某些孢子遇到干旱就进入休眠等。高等植物的耐旱性是由土壤中根的吸水量、植物体内水分的贮藏能力、蒸腾、萎蔫后可能恢复的最低含水量等关系而决定的。

（2）抗爆性

抗爆性就是指汽油在发动机中燃烧时抵抗爆震的能力，它是汽油燃烧性能的主要指标。爆震是汽油在发动机中燃烧不正常引起的。

（3）自燃点

自燃点是指在规定的条件下，可燃物质发生自燃的最低温度。影响固体可燃物自燃点的主要因素：挥发物的数量，挥发出的可燃物越多，其自燃点越低；固体的颗粒度，固体颗粒越细，其表面积就越大，自燃点越低；受热时间，可燃固体长时间受热，其自燃点会有所降低。

38
甲醇制取

　　生物质制取甲醇，可以用合成气或甲烷（沼气）催化得到，也可用木材气化法获得。对于木质素资源丰富的地区，用生物质制取甲醇的途径非常可行。加拿大实验证明，每生产一吨甲醇需要用2.5吨木

 沼气服务车

材，转换效率为42%～57%，生产厂家净能量效率为38%，生产成本比汽油高15%左右。

甲醇可以直接用于汽油机，或掺入汽油用于内燃机，能代替汽油或柴油。它的优点是抗爆性高，而且机器的出力和燃烧效率均有所增加，全部使用甲醇，发动机效率可提高25%～45%。所以，充分利用森林和农业废弃物来生产甲醇，把甲醇燃料变为高档燃料，具有十分重大的意义。

（1）甲烷

甲烷在自然界分布很广，是天然气、沼气、油田气及煤矿坑道气的主要成分。它可用作燃料及制造氢气、碳黑、一氧化碳、乙炔、氢氰酸及甲醛等物质的原料。化学符号为CH_4。

（2）木质素

木质素是一种广泛存在于植物体中的无定形的、分子结构中含有氧代苯丙醇或其衍生物结构单元的芳香性高聚物。木质素形成纤维支架，具有强化木质纤维的作用。

（3）甲醇

甲醇是结构最为简单的饱和一元醇，化学式CH_3OH，又称"木醇"或"木精"。甲醇是无色、有酒精气味、易挥发的液体，有毒，误饮5～10毫升能双目失明，大量饮用会导致死亡。其用于制造甲醛和农药等，并用作有机物的萃取剂和酒精的变性剂等。

39
沼气为何物

沼气发电厂

　　人们会经常看见湖泊、池塘、沼泽里有一串串大大小小的气泡从水底的污泥中冒出来。如果有意识地用一根棍子搅动池底的污泥，用玻璃瓶收集逸出的气体，那么就可以做一个有趣的化学小实验了。将点燃的火柴接近瓶口，瓶口会立即升起一股淡蓝色的火焰。再将一个广口瓶罩在火焰上，停留一会拿开，会观察到这个广口瓶壁上出现一些小水珠。再将石灰水倒入广口瓶里，石灰水就会变得浑浊起来。

以上实验说明了两个问题：

1.从湖沼中收集来的气体是可以燃烧的气体；

2.这种气体燃烧时生成水和二氧化碳，所以气体成分中一定含有氢（H）和碳（C）。

实际上，人和动物的粪便、动植物的尸体、工农业的有机物废渣废液等，在一定温度、湿度、酸度和缺氧的条件下，经过嫌气性微生物发酵作用，都可以产生可燃气体。这种气体最先是在沼泽、池塘中发现的，因此人们称它为"沼气"。

（1）石灰水

澄清石灰水指氢氧化钙稀溶液，浑浊石灰水则指碳酸钙和氢氧化钙的水溶液。石灰水溶于酸、铵盐、甘油，微溶于水，不溶于醇，有强碱性，对皮肤、织物、器皿等物质有腐蚀作用。

（2）沼泽

沼泽是指地表过湿或有薄层常年或季节性积水，土壤水分几达饱和，生长有喜湿性和喜水性沼生植物的地段。中国的沼泽主要分布在东北三江平原和青藏高原等地，俄罗斯的西伯利亚地区有大面积的沼泽，欧洲和北美洲北部也有分布。

（3）池塘

池塘是指比湖泊小的水体。界定池塘和湖泊的方法颇有争议性。一般而言，池塘是小得不需使用船只而多采竹筏渡过的。另一个定义则是可以让人在不被水全淹的情况下安全横过，或者水浅得阳光能够直达塘底。池塘也可以指人工建造的水池。

40
沼气的化学成分

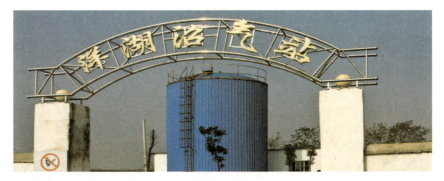

🔎 沼气站

　　化学分析结果表明，沼气的化学成分比较复杂，一般以甲烷（CH_4）为主，含量为60%～70%；其次是二氧化碳（CO_2），含量为30%～35%；还有少量的氢气（H_2）、氮气（N_2）、硫化氢气（H_2S）、水蒸气（H_2O）、一氧化碳（CO）和少量的高级碳氢化合物。但值得注意的是，最近几年有人从沼气中发现了少量（约万分之几）的磷化氢（H_3P）气体，这是一种剧毒气体，也许它就是沼气中毒的重要原因之一。

　　沼气的主要成分甲烷，在常温下是一种无色、无臭、无味、无毒的气体。但沼气中的其他成分，如硫化氢却有臭蒜味或臭鸡蛋味，而且还有毒。

　　甲烷是一种比空气轻的气体，密度是0.717克/升，甲烷在水中的溶解度很低，因此可以用水封的容器来储存它。甲烷在常温下为气态。

甲烷是一种简单的有机化合物，是良好的气体燃料。甲烷在燃烧时产生淡蓝色火焰，并释放出大量热量。在标准状态下，1立方米纯甲烷的发热值为9400千卡，1立方米沼气的发热值为510~6500千卡。当空气中混有5.3%（浓度下限）至15.4%（浓度上限）的甲烷时，点燃时就会爆炸。沼气机就是利用这个原理推动汽缸内活塞做功的。

甲烷的化学性质非常稳定，在正常状态下，甲烷对酸、碱、氧化剂等物质都不发生反应，但容易同氯气（Cl_2）发生反应，生成各种氯的衍生物，如一氯甲烷（CH_3Cl）、二氯甲烷（CH_2Cl_2）等。把甲烷加热到1000℃以上，它就会分解为碳和氢。

（1）氮气

通常情况下，氮气是一种无色、无味、无嗅的气体，且通常无毒。氮气占大气总量的78.12%（体积分数），是空气的主要成份。氮在常温下为气体，在标准大气压下，冷却至-195.8℃时，变成没有颜色的液体，冷却至-209.86℃时，液态氮变成雪状的固体。

（2）衍生物

衍生物指一种简单化合物中的氢原子或原子团被其他原子或原子团取代而衍生的较复杂的产物。例如，以甲烷（CH_4）为母体，则甲醇（CH_3OH）、甲酸（CH_3COOH）、一氯甲烷（CH_3Cl）等均为甲烷的衍生物。

（3）水蒸气

水蒸气简称水汽，是水（H_2O）的气体形式。当水达到沸点时，水就变成水蒸气，在海平面一标准大气压下，水的沸点为100℃。当水在沸点以下时，水也可以缓慢地蒸发成水蒸气。而在极低压环境下（小于0.006大气压），冰会直接升华变水蒸气。水蒸气可能会造成温室效应，是一种温室气体。

41
人工制取沼气

沼气可以人工制取。把有机物质，如人畜粪便、动植物尸体、工农业有机物废渣废液等，投入沼气发酵池中，经过多种微生物（统称沼气细菌）作用，就可以获得沼气。沼气细菌分解有机物产生沼气的过程，叫做沼气发酵。

研究微生物产生沼气已有100多年的历史。早在1866年，勃加姆波

制取沼气

首先指出甲烷的形成是一种微生物学的过程。以后，经过许多科学家的研究，逐步建立起嫌氧发酵制取沼气的工艺。

沼气微生物广泛存在于自然界中，例如湖泊、沼泽底层的污泥中，有机物质经沼气微生物发酵作用会产生可燃气体，自水中冒出。有些反刍动物的胃里（如牛胃），有时也会有沼气发生。人们建造的沼气发生器，就是"沼气池"的一种形式。沼气池中通常填入人畜粪便、秸秆和杂草等有机物质，在密闭缺氧的条件下进行发酵，产生沼气。在这种发酵池中产生的沼气，是由多种微生物共同完成的，除甲烷菌外，还有纤维素分解菌、半纤维素分解菌、蛋白质分解菌、脂肪分解菌和乙酸菌等。

（1）反刍动物

反刍是指进食经过一段时间以后将半消化的食物返回嘴里再次咀嚼。反刍动物就是有反刍现象的动物，通常是一些草食动物，因为植物的纤维是比较难消化的，如骆驼、鹿、长颈鹿、羊驼、羚羊、牛、羊等。

（2）蛋白质

蛋白质是生命的物质基础，没有蛋白质就没有生命。机体中的每一个细胞和所有重要组成部分都有蛋白质参与。人体内蛋白质的种类很多，性质、功能各异，但都是由20多种氨基酸按不同比例组合而成的，并在体内不断进行代谢与更新。

（3）脂肪

脂肪是油、脂肪、类脂的总称。食物中的油脂主要是油和脂肪，一般把常温下是液体的称作油，而把常温下是固体的称作脂肪。脂肪所含的化学元素主要是C、H、O，部分还含有N、P等元素。脂肪在多数有机溶剂中溶解，但不溶解于水。

42
沼气的传统利用和综合利用技术

◍ 大棚里的沼气灯

　　我国是世界上开发沼气较多的国家，最初主要是农村的户用沼气池，以解决秸秆焚烧和燃料供应不足的问题，后来的大中型沼气工程始于1936年，此后，大中型废水、养殖业污水、村镇生物质废弃物、城市垃圾沼气扩宽了沼气的生产和使用范围。

　　20世纪80年代建立起的沼气发酵综合利用技术，以沼气为纽带，将物质多层次利用、能量合理流动的高效农业模式，已逐渐成为我国农村地区利用沼气技术促进可持续发展的有效方法。通过沼气发酵综合利用技术，沼气用于农户生活用能和农副产品生产加工，沼液用于饲料、生物农药、培养料液的生产，沼渣用于肥料的生产，我国北方推广的塑料大棚、沼气池、气禽畜舍和厕所相结合的"四位一体"沼气生态农业模式，中部地区以沼气为纽带的生态果园模式，南方建立的"猪—果"模式，以及其他地区因地制宜建立的"养殖—沼气"、"猪—沼—鱼"和"草—牛—沼"等模式，都是以农业为龙头，以沼气为纽带，对沼气、沼液、沼渣的多层次利用的生态农业模式。沼气发酵综合利用生态农业模式的建立使农村沼气和农业生态紧密结合，是改善农村环境卫生的有效措施，也是发展绿色种植业、养殖业的有效途径，并已成为农村经济新的增长点。

（1）塑料大棚

塑料大棚俗称冷棚，是一种简易实用的保护地栽培设施。利用竹木、钢材等材料，并覆盖塑料薄膜，搭成拱形棚，供栽培蔬菜，能够提早或延迟供应，提高单位面积产量，特别是北方地区能在早春和晚秋淡季供应鲜嫩蔬菜。

（2）生态农业

生态农业是指在保护、改善农业生态环境的前提下，遵循生态学、生态经济学规律，集约化经营的农业发展模式，运用现代科学技术成果和现代管理手段，以及传统农业的有效经验建立起来的，能获得较高的经济效益、生态效益和社会效益的现代化农业。

（3）生态果园

生态果园是在生态学和系统学原理指导下，通过植物、动物和微生物种群结构的科学配置，以及园区光、热、水、土、养分和大气资源等的合理利用而建立的一种以果树产业为主导、生态合理、经济高效、环境优美、能量流动和物质循环通畅的一种能够可持续发展的果园生产体系。

43
沼气制造的原料

制造沼气的原料一定是有机物质，如人畜的粪便、秸秆、杂草、工农业有机废物、污泥等。各种原料生产沼气的量各不相同，下面为普通有机废物的产气量：

普通有机废物生产沼气量

原料名称	每顿干物质生产沼气量/立方米	甲烷含量（％）	原料名称	每顿干物质生产沼气量/立方米	甲烷含量（％）
猪粪	330	50～60	青草	630	70
牲畜肥	260～280	50～60	酒厂废水	350～600	58
纸厂废水	600	70	废物污泥	640	50
干草	320	57	麦秆	340	68
稻草	400	70	稻壳	230	620
马铃薯茎叶	370	60	杂树叶	160～220	59
牛粪	280	59			

各种原料的干物质含量也是产气多少的重要条件。实践证明，作物秸秆、干草等原料，产气缓慢，但比较持久；人畜粪水、青草等，产气快，但不能持久。将二者合理搭配，可以达到产气既快且久的目的。

○ 有机废物生产沼气

（1）稻草

　　稻草，水稻的茎。一般指脱粒后的稻杆。稻草可以用来当柴烧，编成绳状可以绑东西，或者用机器一根根像织布一样织成"草包"，用来给植物保暖。

（2）麦秆

　　麦秆指麦子的茎，其用途广泛，可制作板材，可生产肥料、饲料，可用于造纸、生活取暖、制作生物燃料，以摆脱人类对石油的依赖。

（3）稻壳

　　稻壳是指稻谷外面的一层壳，可以用来做酱油、酒、燃料。稻壳富含纤维素、木质素、二氧化硅，其中脂肪、蛋白质的含量较低，基于稻谷品种、地区、气候等差异，其化学组成会有差异。

44
垃圾沼气化

　　垃圾经过加工，可生产垃圾衍生燃料（RDF），用来供热或发电。生产RDF的方法有两种：

　　（1）通过热解方法把垃圾转化为燃料或燃料气；

　　（2）将垃圾沼气化。日处理900万吨垃圾的填埋场，平均每天可回收沼气43 200立方米，每年可回收沼气1576.8万立方米。

　　巴西的坎皮纳斯市，根据城市垃圾中的有机成分不低于20%，适合沼气开发的特点，在市郊建造一座沼气发酵设施，设施中的卫生池常年密闭，避免了散发出难闻的臭味和产生蛆虫，预计第一年每天产出沼气7000立方米，价值相当于5000升柴油，第二年沼气日产量可增加一倍，第三年产量可增加两倍。

　　英国曼彻斯特大学的两位科学家研制了一套将城市垃圾合成为原油的反应堆。他们利用氢对反应堆中的垃圾——动物残骸、废塑料、废纸等，进行化学处理，并在处理过程中加入液体催化剂促进加速反应。结果10吨垃圾可以合成3.7吨原油，花费仅为原油的1/2。

（1）垃圾衍生燃料

垃圾衍生燃料（RDF）是指把垃圾进行固体燃料化，加工成热值更高、更稳定的燃料，是城市生活垃圾一种新的处理技术。垃圾衍生燃料具有热值高、燃烧稳定、易于运输、易于储存、二次污染低和二恶英类物质排放量低等特点，广泛应用于干燥工程、水泥制造、供热工程和发电工程等领域。

（2）废纸

废纸泛指在生产生活中经过使用而废弃的可循环再生资源，包括各种高档纸、黄板纸、打包纸、企业单位用纸、工程用纸、书刊报纸等。在国际上，废纸一般区分为欧废、美废和日废三种。在我国，废纸的循环再利用程度与西方发达国家相比比较低。

（3）催化剂

在化学反应里能改变其他物质的化学反应速率（既能提高也能降低），而本身的质量和化学性质在化学反应前后都没有发生改变的物质叫作催化剂。

 垃圾沼气化

45
生物制氢和发电技术

氢气是一种清洁、高效的能源，有着广泛的工业用途，潜力巨大，近年来生物制氢的研究逐渐成为人们关注的热点，但将其他物质转化为氢并不容易。生物制氢过程可分为厌氧光合制氢和厌氧发酵制氢两大类。

生物质发电技术是将生物质能源转化为电能的一种技术，主要包括农林废物发电、垃圾发电和沼气发电等。作为一种可再生能源，生物质能发电在国际上越来越受到重视，在我国也越来越受到

 烟尘排放

政府的关注和民间的拥护。

生物质发电将废弃的农林剩余物收集、加工整理，形成商品，又防止秸秆在田间焚烧造成的环境污染，还改变了农村的村容村貌，是我国建设生态文明、实现可持续发展的能源战略选择之一。如果我国生物质能利用量达到5亿吨标准煤，就可解决目前我国能源消费量的20%以上，每年可减少排放二氧化碳中的碳量近3.5亿吨，二氧化硫、氮氧化物、烟尘减排量近2500万吨，将产生巨大的环境效益。尤为重要的是，我国的生物质能资源主要集中在农村，大力开发并利用农村丰富的生物质能资源，可促进农村生产发展，显著改善农村的村貌和居民生活条件，将对建设社会主义新农村产生积极而深远的影响。

（1）电能

电能是指电以各种形式做功（即产生能量）的能力。电能被广泛应用在动力、照明、冶金、化学、纺织、通信、广播等各个领域，是科学技术发展、国民经济飞跃的主要动力。电能有直流电能、交流电能、高频电能等。这几种电能均可相互转换。

（2）环境污染

环境污染是指人类直接或间接地向环境排放超过其自净能力的物质或能量，从而使环境的质量降低，对人类的生存与发展、生态系统和财产造成不利影响的现象。环境污染具体包括：水污染、大气污染、噪声污染、放射性污染等。

（3）再生能源

再生能源是可以再生的水能、太阳能、生物能、风能、地热能和海洋能等资源的统称。它们在自然界可以循环再生。

46
微生物工厂

在一些大型食品加工厂、酿酒厂、化工制药厂，以及轻纺等行业，国际上提倡兴办"微生物工厂"，就是采用大型厌氧发酵工程，以产沼气为主，同时解决环境问题，并且可获得副产品饲料和肥料，实现综合利用，提高经济效益。

沼气不仅适合于小型农村沼气池的发展，也适合于大型畜牧场和某些工厂排泄物的处理。建立工业沼气装置，既可减轻环境污染，又能回收能源。

从发展"微生物工厂"来看，可作沼气原料的工业有机废物大致有下列几种：

（1）食品工业中的屠宰场废水、甜菜、甘蔗制糖废液、水果罐头加工的废水、水产品加工的废水和下料等；

（2）酿造工业的酒糟、蒸馏残液、废水和酵母残液；

（3）造纸工业的稻草纸浆废水、含微细纤维废水、黑液和白液；

（4）化工厂排出的有机酸、醇、酯、酮类的废水及稀有机溶剂废液；

（5）轻纺工业排出的脂肪类、类脂化合物，如甘油废水、洗毛废水、畜毛皮制品废水；

（6）蛋白质类废水，如大豆煮汁及鱼粉、豆腐的废水等；

（7）碳水化合物类，如含糖废水等；

（8）活性污泥，人畜粪便；

（9）抗菌素类废水，废菌丝体；

（10）部分芳香族类，脂环族类等。

（1）屠宰场

屠宰场就是大规模有效率地杀死家畜的地方。屠宰场的机构分为经营者、操作者、仓储冷藏、运输和后勤四个主要部门。

（2）甜菜

甜菜又名恭菜，原产于欧洲西部和南部沿海，从瑞典移植到西班牙，是热带甘蔗以外的一个主要糖来源。甜菜根的色素含量极为丰富，主要色素称为甜菜红。

（3）有机酸

有机酸是指一些具有酸性的有机化合物。最常见的有机酸是羧酸，其酸性源于羧基（–COOH）。磺酸（–SO$_3$H）、亚磺酸（RSOOH）、硫羧酸（RCOSH）等也属于有机酸。有机酸可与醇反应生成酯。

 酿酒

47
潜力无限的薪炭林

薪炭林，又称能源林。营造薪炭林的目的就是获取薪柴和木炭，解决能源需要。种植薪炭林可一举三得，即生产效益、生态效益和社会效益。

目前有些国家，如美国，已开始采取集约经营林地的方式，培育速生、高产的优良树种和苗木，采用新的造林工艺来发展薪炭林。他们在精耕的土地上合理密植树苗，每公顷土地栽苗数达到千株，并且运用施肥、浇灌等方法，使苗木迅速生长，2～10年即可成材。采伐时留下树根，以待日后萌发新绿，成为真正的可再生能源。

发展薪炭林，必须选择优良的速生树种，并根据当地气候条件和土壤情况，进行合理密植。对外来树种要加以驯化，进行一定面积的试种，力避盲目大面积推广。

（1）集约经营

集约经营指在一定面积的土地上投入较多的生产资料和劳动，采用新的技术措施，进行精耕细作的农业经营方式。集约经营是用提高单位面积产量的方法来增加产品总量。采用集约经营方式以发展农业，称"农业集约化"。

🔍 密植树苗

（2）生态效益

生态效益是指人们在生产中依据生态平衡规律，使自然界的生物系统对人类的生产、生活条件和环境条件产生的有益影响和有利效果，它关系到人类生存发展的根本利益和长远利益。生态效益的基础是生态平衡和生态系统的良性、高效循环。

（3）驯化

驯化是人们在生产生活实践当中出现的一种文明进步行为，是将野生的动物和植物的自然繁殖过程变为人工控制下的过程。因此，人类对这类资源的开发利用主要包括两个方面：植物的驯化和动物的驯化。

48
薪炭林树种

近年来，不仅发展中国家种植薪炭林，许多发达国家也开始种植薪炭林。种值薪炭林的目的很明确，就是解决生活用能，解决生产的辅助能源，甚至用木材发电，以减少对石油和煤炭的依赖。例如土地辽阔的美国，除将肥田沃土用于种植粮食和纤维质作物外，还大量利用非耕地发展林业，其中就包括薪炭林。

目前世界上比较优良的薪炭树种有加拿大杨、意大利杨、美国梧桐、红桤木、桉、松、刺槐、冷杉、柳、沼泽桦、乌桕、梓树、任头树、火炬树、大叶相思、牧豆树等。适合中国薪炭林种植的树种有银合欢、柴穗槐、

冷杉林

沙枣、旱柳、杞柳、泡桐树等。选择薪炭林树种有以下几条原则：

（1）生存能力强。土壤耐盐碱、耐旱，不怕昆虫、动物啃食，抗不利环境因子。

（2）速生快长。薪炭材产量高，轮伐期短。

（3）萌生力强。一次造林，常年采伐。

（4）木材热值高。木材的比重是衡量热值的显著标志，这对于木炭用薪炭材尤其重要。

未来的农村，人们将把发展薪炭林同发展农业、牧业、养蜂、养蚕、烟叶、制砖、制陶、制茶等结合起来，使林木资源永续不衰，取之不尽，用之不竭。

（1）红桤木

红桤木是太平洋沿岸数量最多的硬木树种，生在沿岸潮湿的山谷中。红桤木木材单一，丛生在沿岸潮湿的山谷中。红桤木木材强度和硬度适中，在潮湿条件下耐用性低。

（2）火炬树

火炬树为漆树科盐肤木属落叶小乔木。其奇数羽状复叶互生，长圆形或披针形，直立圆锥花序顶生，果穗鲜红色，果扁球形，有红色刺毛，紧密聚生呈火炬状，果实9月成熟后经久不落，而且秋后树叶变红，十分壮观。

（3）取之不尽，用之不竭

取之不尽，用之不竭指拿不完，用不完，形容非常丰富。如：自然界水资源并不是取之不尽，用之不竭的，它是有限的。

49
能源新秀——巨藻

巨藻既可生长在大陆架海域，也可生长在湖泊沼泽之中。巨藻称得上是植物界的巨人，成熟的巨藻一般有70～80米长，甚至可达500米长。巨藻可以用于提炼藻胶，制造五光十色的塑料、纤维板，还可以用来制药。

近年来，科学家们对巨藻进行了新的研究，发现它含有丰富的甲烷成分，可以用来制取煤气。这一发现使人们眼睛一亮，因为这一新的绿色能源具有诱人

巨藻

的前景，将来甚至可以满足人们对甲烷的需求。

巨藻可以在大陆架海域进行大规模养殖。由于成藻的叶片较集中于海水表面，这就为机械化收割提供了有利条件。巨藻的生长速度极为惊人，每昼夜可生长30厘米，一年可以收获3次。美国科学家在美国西海岸培育了一种巨型海藻，这种海藻一般植根于海底岩石，生长速度惊人，一昼夜能生长60厘米。

（1）大陆架

大陆架是大陆向海洋的自然延伸，通常被认为是陆地的一部分，又叫"陆棚"或"大陆浅滩"。大陆架有丰富的矿藏和海洋资源，已发现的有石油、煤、天然气、铜、铁等20多种矿产；其中已探明的石油储量是整个地球石油储量的1/3。

（2）藻胶

藻胶是指用各种海藻提取的多糖胶。通常，褐藻胶根据其黏度可分为：超低黏度、低黏度、中黏度、高黏度和超高黏度褐藻胶。

（3）岩石

岩石是固态矿物或矿物的混合物，其中海面下的岩石称为礁、暗礁及暗沙，是由一种或多种矿物组成的，具有一定结构构造的集合体。岩石有三态：固态、气态（如天然气）、液态（如石油），但主要是固态物质，它是组成地壳的物质之一，是构成地球岩石圈的主要成分。

50
不可小视的淡水藻

　　最近，日本中央研究所生物化学研究所科研小组宣布，他们成功地从一种淡水藻类中提取出了石油。这种藻类在吸收二氧化碳进行光合作用的过程中，体内产生了石油。研究发现，这种藻类不仅二氧化碳的吸收率高，而且石油生成的能力也远远超过预想，提取出的石油不仅发热量高，而且氮、硫含量低。

🔎水藻

　　将数十至数百个藻体集中在一起，可形成约0.1毫米的藻块。2克重的藻块在10天内可增生到10克，其中约含5克的石油。将这种藻块过滤收集在一起，与特殊的溶剂搅拌混合，除去溶剂，剩下的就是石油。这种石油的发热量可与重油匹敌，其氮含量仅为重油的1/2，硫含量仅为重油的约1/190，而且燃烧后的灰烬中还含有丰富的钾，可以用作肥料。如果用北海道60%的面积来培养这种藻类，全日本排出的二氧化碳都可以被其吸收，所提取的石油也相当于目前日本的原油进口总量。

（1）发热量

　　发热量即热值，指完全燃烧1千克的物质释放出的能量，是一种物质特定的性质。发热量反映了燃料特性，即不同燃料在燃烧过程中化学能转化为内能的本领大小。

（2）过滤

　　通过特殊装置将流体提纯净化的过程叫做过滤，过滤的方式很多，使用的物系也很广泛，固—液、固—气、大颗粒、小颗粒都很常见。

（3）重油

　　重油是原油提取汽油、柴油后的剩余重质油，其特点是分子量大、黏度高。重油的比重一般在0.82～0.95，比热在$4.19 \times 10^7 \sim 4.6 \times 10^7$焦/千克左右。其成分主要是碳水化合物，另外含有部分的（约0.1%～4%）的硫黄及微量的无机化合物。

51
石油植物

🔍 石油化工装置

　　植物学家们已发现许多能生产"石油"的植物，它们被誉为"绿色油库"。这些植物就是石油植物，又称能源植物。

　　石油植物的特点是能够把太阳能贮存在自己的体内。美国科学家卡尔文因在生物领域发现了"卡尔文环"，而获诺贝尔奖。一次，他在巴西考察，发现了一棵神奇的树，只要在树干上钻一个小孔，就可以接到从小孔中流出来的"柴油"，而且这些柴油可以直接用于柴油机，卡尔文称其为"柴油树"，据说这种柴油已经用在了一辆丰田牌小卡车上。据估算，1公顷的柴油树，每年可以生产50桶（1桶等于158千克）柴油。

1978年，美国又发现了一种名为大戟的草本植物，里面含有丰富的碳氢化合物，能够直接提炼油。这种植物可以在沙漠和半沙漠地区生长，目前美国已大批量种植。

（1）诺贝尔奖

诺贝尔奖是以瑞典著名的化学家、硝化甘油炸药的发明人阿尔弗雷德·贝恩哈德·诺贝尔的部分遗产（3100万瑞典克朗）作为基金创立的。诺贝尔奖分设物理、化学、生理或医学、文学、和平五个奖项，以基金每年的利息或投资收益授予前一年世界上在这些领域对人类作出重大贡献的人。

（2）巴西

巴西是拉丁美洲最大的国家，人口居世界第五，面积居世界第五。得益于丰厚的自然资源和充足的劳动力，巴西的国内生产总值位居南美洲第一，世界第七。由于历史上巴西曾为葡萄牙的殖民地，所以巴西的官方语言为葡萄牙语。足球是巴西人文化生活的主流。巴西是金砖国家之一。

（3）柴油

柴油又称油渣，是石油提炼后的一种油质的产物。它由不同的碳氢化合物混合组成。它的主要成分是含10到22个碳原子的链烷、环烷或芳烃。它的化学和物理特性位于汽油和重油之间，沸点在170℃至390℃间，比重为0.82～0.845千克/升。

52

能源宝库——石油树

　　在众多的植物中，有的植物籽粒可以榨油，有的植物本身就产油，并且可以用来直接开动机器。

　　所谓"石油树"或"石油植物"，即是指那些可以直接产生工业用"燃料油"，或经发酵加工可产生"燃料油"的植物的总称。目前，这种植物已被大量发现，主要有绿玉树、三角戟、续随子等。这些石油树能产生低分子量的氢化合物，加工后可合成汽油或柴油的代

🔍 生物柴油生产线

用品。

据专家研究，有些树在进行光合作用时，会将碳氢化合物储存在体内，形成类似石油的烷烃类物质。巴西的苦配巴树就属于这种树，其树液只要稍作加工，便可当作柴油使用。

在南美洲亚马孙河的原始森林中，有一种直径可达1米，名为苦配巴的乔木，如在它的树干上钻一个直径5厘米的孔，等待2小时左右，钻孔中就会流出近2000克金黄色的油状树液。这种树液不经任何处理，就可以直接作为柴油机汽车的燃料，且排出的废气不含硫化物，不污染空气，因此，人们称其为"柴油树"。目前，巴西正在试种这种"柴油树"，以期获取大量的"柴油"。

（1）碳氢化合物

碳氢化合物是指仅由碳和氢两种元素组成的有机化合物，又叫烃。它和氯气、溴蒸气、氧等反应生成烃的衍生物，饱和烃（和苯）不与强酸、强碱、强氧化剂反应，但不饱和烃（烯烃、炔烃、苯的同系物）可以被氧化或者和卤化氢发生加成反应。

（2）亚马孙河

亚马孙河位于南美洲，是世界流量、流域最大、支流最多的河流，长度位居世界第二。亚马孙河流量达每秒219 000立方米，流量比其他三条大河尼罗河、长江、密西西比河的总和还要大几倍，大约相当于7条长江的流量，占世界河流流量的20%；支流数超过1万5千条。

（3）乔木

乔木是指树身高大的树木，由根部发生独立的主干，树干和树冠有明显区分。有一个直立主干，且高达6米以上的木本植物称为乔木。

53
可以收获的"石油"

海南岛的原始森林

　　在菲律宾有一种能产生可燃树汁的野生果树，名为杭牙树。这种树的果实、树根和树干都能分泌出一种含有烯和烷成分的树液，用火柴一点即燃。

　　最近，澳大利亚的科学家从桉叶藤、牛角瓜两种多年生的野草中，提炼出了类似于石油的燃料。这两种草生长速度快，一年可以收割好几次。如果人工大面积栽种这种野草，提炼出的燃料足可抵消澳大利亚至少1/4的石油需求量。

中国也有能源树。在海南岛的原始森林中，有一种能产"柴油"的大乔木——油楠树。它树高30多米，直径可达1米以上，当长到10米多高，树径半米左右时，即开始产油。从油楠树锯面流出来的油状树液，每株可达25千克，最多可达50千克。这种油状树液经过滤，可直接作为发动机的燃料。

目前还发现了许多草本植物中也富含石油，如美国的黄鼠草、乳草、蒲公英，澳大利亚的桉叶藤、牛角瓜等，都是全身含有"石油"的宝草，堪称世界未来的能源宝库。

（1）菲律宾

菲律宾位于亚洲东部，是由西太平洋的菲律宾群岛（7107个岛屿）所组成的国家。菲律宾为发展中国家，新兴工业国家及世界的新兴市场之一，但贫富差距很大。

（2）澳大利亚

澳大利亚是全球土地面积第六大的国家，国土比整个西欧大一半。澳大利亚不仅国土辽阔，而且物产丰富，是南半球经济最发达的国家，是全球第四大农产品出口国，也是多种矿产出口量全球第一的国家。澳大利亚有多个城市曾被评为世界上最适宜居住的地方之一。

（3）海南岛

海南岛为中国一个省级行政区——海南省的主岛。海南省简称琼，位于中国最南端，北以琼州海峡与广东划界，西临北部湾与越南社会主义共和国相对，东北濒南海与台湾省相望，东南和南边在南海中与菲律宾、文莱和马来西亚为邻。

54
能源作物

数百年来，煤和石油一直在燃料王国里唱主角，而煤和石油的老"祖宗"既然都是远古时代的植物，那么能不能种植这种能源作物，像收割庄稼一样来"收获"石油呢？这将是21世纪普遍关注的一个新课题。

世界上许多国家都已开始了关于"石油植物"的研究，并通过引种栽培建立起新的能源基地——石油植物园、能源农场。专家预计，

🔎 石油

21世纪初"石油植物"将由几个国家的科学试验，转为众多国家的普遍种植，能源农场将如雨后春笋般兴起。

关于建立能源农场的设想，是在一种特殊情况下提出来的。1973年，石油输出国组织成员国临时停止向美国出口石油，于是美国卡尔教授提出了建立"能源农场"的设想。40多年来，这个设想已在不少国家开始试验。

更使人高兴的是，德国科学家根据石油植物的作用原理，成功试制出一种长有13片大叶子的人造石油植物，并已批量生产。

绿色植物是一个天然的能源库，石油植物则是一个天然的石油库，在现代工业日益发展的今天，石油植物将日益受到各国的重视。

（1）能源农场

能源农场是指种植与加工各种生长快、产能高的农作物及能源植物，最终将其蕴藏的生物能转化为电能或热能，且对环境不产生污染和不良影响的农场。

（2）石油输出国组织成员国

石油输出国组织成员国又名欧佩克，成立于1960年9月14日，1962年11月6日欧佩克在联合国秘书处备案，成为正式的国际组织。其宗旨是协调和统一成员国的石油政策，维护各自的和共同的利益。

（3）科学试验

科学试验指科学家所做的实验，通常有许多诸如伽利略的自由落体的探究性试验，可以开辟一个全新的时代，往往重要的结论都是由实验得出的。试验是许多事情的依据。物理等多个学科的进步都离不开它。

55
能源农场

🔍 塑料工厂

　　最理想的生物燃料作物，应具有高效的光合能力。目前来看，芒属作物可算是一种理想的生物燃料作物。"芒"原产于中国华北和日本，这种植物具有许多优点：

　　（1）生长迅速。芒属作物一个季度就能长到3米高，当地人称其为"象草"。

　　（2）适应性强。芒属作物从亚热带到温带的广大地区能生长，在强日照和高温条件下也生长茂盛，对肥水利用率极高。

　　（3）燃烧完全。芒属作物收割时比较干燥，植株体内仅含

20%～30%的水分。这种作物在生长过程中从大气中吸收多少二氧化碳，燃烧时就释放多少二氧化碳，不增加大气中的二氧化碳含量。

（4）成本低。芒属作物所产生的能源相当于用油菜籽制作生物柴油的两倍，而投入却不及油菜籽的1/3。

（5）产量高。据试验，芒属作物每公顷产量高达44吨，如果以每公顷平均年产石油12吨计算，那么比其他任何能源植物的年产量都要高。

在能源农场，人们利用高科技手段，如基因工程、细胞工程、微生物工程等，促使能源作物向高速生长、高产油率的方向发展。未来，利用这些高科技能源作物，人们可以生产出电力、生物降解柴油、运输燃料乙醇、氧化汽油、塑料、润滑油、胶合剂等产品。

（1）细胞工程

细胞工程是指应用细胞生物学和分子生物学的理论和方法，按照人们的设计蓝图，进行在细胞水平上的遗传操作及进行大规模的细胞和组织培养。通过细胞工程可以生产有用的生物产品或培养有价值的植株，并可以产生新的物种或品系。

（2）油菜籽

油菜籽是十字花科作物油菜的果实，角果较长，结荚多，粒本饱满。油菜籽中油脂的含量为37.5%～46.3%。根据油菜的类型不同其油脂含量略有不同。

（3）基因工程

基因工程又称基因拼接技术和DNA重组技术，是以分子遗传学为理论基础，以分子生物学和微生物学的现代方法为手段，将不同来源的基因按预先设计的蓝图，在体外构建杂种DNA分子，然后导入活细胞，以改变生物原有的遗传特性，获得新品种、生产新产品。

56
萤火虫发光的奥秘

　　夏天的晚上，人们在河边、树荫下，看到萤光闪闪的萤火虫飞来飞去，就像人们提着的盏盏灯笼。古人甚至用它来照明。那么，萤火虫为什么会发光呢？

　　当我们仔细观察萤火虫时就会发现，它发光的部分是在腹部的最后两节，光是通过它透明的表皮发出来的。原来，这是一个由几千个

🔍 萤火虫

发光细胞组成的发光层。发光细胞含有两种特殊的成分：萤光素和荧光酶。荧光素是光的发源地，是一种耐高温物质，容易氧化；而荧光酶则起催化剂的作用，是一种耐热、分子量不大的结晶蛋白质。荧光素在荧光酶的作用下，与氧发生化合才能发出光来，是由化学能转化为光能的过程。

那么，小小的萤火虫为什么能长时间地发光呢？原来，萤火虫体内含有一种高能化合物ATP，正是这种物质充当了能量的源泉。萤火虫发出的光有黄绿色和橙红色的，亮度各不相同，这是因为它们所含的荧光素和荧光酶不同的缘故。

（1）萤火虫
萤火虫是一种躯体翅鞘柔软、完全变态的甲虫，一生历经卵、幼虫、蛹及成虫四个时期。全世界约有2000多种萤火虫。目前已知的萤火虫种类，其幼虫都会发光，一般幼虫的发光器位于第八腹节的两侧，在夜间活动时发光。

（2）萤光素
萤光素是指在蓝光或紫外线照射下，发出绿色荧光的一种黄色染料，是用于荧光抗体技术中的荧光染料。

（3）荧光酶
荧光酶是自然界中能够产生生物荧光的酶的统称，其中最有代表性的是一种学名为photinus pyrali的萤火虫体内的荧光酶。

57
动物发电机

🔍 发电厂

　　1970年，一位渔民在巴西亚马孙河上捕鱼，偶然捉到一条一米多长的蛇。这条蛇周身花斑，动作灵敏，一出水便迅速逃窜。渔民穿上胶靴，手持砍刀，使劲追赶，想将其砍死。但当渔民接近时，它的尾巴猛的一甩，渔民被击倒了，而且周身抽搐，不省人事。蛇借机逃进了森林草丛中。后来经医生检查确认，渔民是被蛇放出的电流击倒的，原来这是一条小电蛇。

据生物学家研究表明，这种带电量较明显的生物有500多种，如电鳐、电鲶、电鳗、电蛇等。用发出的高压电流捕获食物和防御敌害，是这些动物的生存特性。据生物学家测试，电鳗在捕食时放出的电压为200～300伏，最高可达650伏；电鳐放电量为1100伏左右。它们为何能产生如此强大的电压呢？原来在这些动物的体内有一台神秘的、效率很高的"发电机"，可以发出较高的电压。"发电机"发出的电，平时存储在体内的特化细胞中，每个特化细胞可存储0.1伏的电，而它们身上有上万个特化细胞，那么串联起来就构成了"电池组"，可以放出高达上千多的电压，将敌害或猎物击伤或击毙。

（1）抽搐

抽搐是不随意运动的表现，是神经—肌肉疾病的病理现象，表现为横纹肌的不随意收缩。临床对以抽搐为主病的病种尚不能确定时，可以抽搐待查作为初步诊断，并进行辩证论治。

（2）电流

电流是指电荷的定向移动。电源的电动势形成了电压，继而产生了电场力，在电场力的作用下，处于电场内的电荷发生定向移动，形成了电流。

（3）电压

电压也称作电势差或电位差，是衡量单位电荷在静电场中由于电势不同所产生的能量差的物理量。其大小等于单位正电荷因受电场力作用从A点移动到B点所作的功，电压的方向规定为从高电位指向低电位的方向。电压的国际单位制为伏特（V）。

58
世界各国关注生物质能

目前，生物质能技术的研究与开发已成为世界重大热门课题之一，受到世界各国政府与科学家的关注。许多国家都制定了相应的开发研究计划，如日本的阳光计划、印度的绿色能源工程、美国的能源农场和巴西的酒精能源计划等，其中生物质能源的开发利用占有相当的比重。目前，国外的生物质能技术和装置多已达到商业化应用程

 垃圾可作为能源

度，实现了规模化产业经营，以美国、瑞典和奥地利三国为例，生物质转化为高品位能源利用已具有相当可观的规模，分别占该国一次能源消耗量的4%、16%和10%。在美国，生物质能发电的总装机容量已超过10 000兆瓦，单机容量达10～25兆瓦；美国纽约的斯塔藤垃圾处理站投资2000万美元，采用湿法处理垃圾，回收沼气，用于发电，同时生产肥料。巴西是乙醇燃料开发应用最有特色的国家，实施了世界上规模最大的乙醇开发计划，目前乙醇燃料已占该国汽车燃料消费量的50%以上。美国开发出利用纤维素废料生产酒精的技术，建立了1兆瓦的稻壳发电示范工程，年产酒精2500吨。

（1）日本

日本位于亚洲大陆东岸外的太平洋岛国，领土由北海道、本州、四国、九州四个大岛和3900多个小岛组成。日本实行以君主天皇作为日本国家与国民的象征的君主立宪政体。日本属于发达国家，国民拥有很高的生活质量，是全球最富裕、经济最发达和生活水平最高的国家之一。

（2）印度

印度位于亚洲南部，具有绚丽的多样性和丰富的文化遗产和旅游资源。印度也是世界三大宗教之一——佛教的发源地。印度已经成为软件业出口的霸主，金融、研究、技术服务等也将成为全球重要出口国。印度也是当今金砖国家之一。

（3）美国

美国是由50个州和1个联邦直辖特区及20个美属海外领土组成的宪政联邦制共和制国家。美国是个多文化和多民族的国家；国土面积超过962万平方千米（包括领海）；人口总量超过三亿。其在经济、政治、科技、军事、娱乐等诸多领域的巨大影响力均领衔全球，是目前世界上唯一的超级大国。

59
中国更需要生物质能

🔍 **生活燃料**

　　开发利用生物质能对中国农村更具特殊意义。中国80%人口生活在农村，秸秆和薪柴等生物质能是农村的主要生活燃料。尽管煤炭等商品能源在农村的使用迅速增加，但生物质能仍占有重要地位。1998年农村生活用能总量3.65亿吨标煤，其中秸秆和薪柴为2.07亿吨标煤，占56.7%。因此发展生物质能技术，为农村地区提供生活和生产用能，是帮助这些地区脱贫致富，实现小康目标的一项重要任务。

1991年至1998年，农村能源消费总量从5.68亿吨标准煤发展到6.72亿吨标准煤，增加了18.3%，年均增长2.4%。而同期农村使用液化石油气和电炊的农户由1578万户发展到4937万户，增加了2倍多，年增长达17.7%，增长率是总量增长率的6倍多。可见随着农村经济发展和农民生活水平的提高，农村对于优质燃料的需求日益迫切。传统能源利用方式已经难以满足农村现代化需求，生物质能优质化转换利用势在必行。

（1）农村

农村不同于城市、城镇而是从事农业的农民聚居地。在进入工业化社会之前，社会中大部分的人口居住在农村。以从事农业生产为主的农业人口居住的地区，是同城市相对应的区域，具有特定的自然景观和社会经济条件，也叫乡村。

（2）能源消费

能源消费是指生产和生活所消耗的能源。能源消费按人平均的占有量来衡量一个国家经济发展和人民生活水平。人均能耗越多，国民生产总值就越大，社会也就越富裕。

（3）传统能源

传统能源指在现阶段科学技术水平条件下，人们已经广泛使用、技术上比较成熟的能源，如煤炭、石油、天然气、水能、木材等。传统能源亦称常规能源。

60
生物质能对中国的意义

　　中国是一个人口大国，又是一个经济迅速发展的国家，21世纪将面临着经济增长和环境保护的双重压力。因此改变能源生产和消费方式，开发利用生物质能等可再生的清洁能源资源对建立可持续的能源系统，促进国民经济发展和环境保护具有重大意义。

 清洁能源

生物质能高新转换技术不仅能够大大加快村镇居民实现能源现代化进程，满足农民富裕后对优质能源的迫切需求，同时也可在乡镇企业等生产领域中得到应用。由于中国地广人多，常规能源不可能完全满足广大农村日益增长的需求，而且由于国际上正在制定各种有关环境问题的公约，限制二氧化碳等温室气体排放，这对以煤炭为主的我国是很不利的。因此，立足于农村现有的生物质资源，研究新型转换技术，开发新型装备既是农村发展的迫切需要，又是减少排放、保护环境、实施可持续发展战略的需要。

（1）人口

人口是一个内容复杂、综合多种社会关系的社会实体，具有性别和年龄及自然构成，多种社会构成和社会关系、经济构成和经济关系。一切社会活动、社会关系、社会现象和社会问题都同人口发展过程相关。

（2）国民经济

国民经济是指一个现代国家范围内各社会生产部门、流通部门和其他经济部门所构成的互相联系的总体。工业、农业、建筑业、运输业、邮电业、商业、对外贸易、服务业、城市公用事业等，都是国民经济的组成部分。

（3）乡镇企业

乡镇企业是指农村集体经济组织或者农民投资为主，在乡镇（包括所辖村）举办的承担支援农业义务的各类企业。乡镇企业是中国乡镇地区多形式、多层次、多门类、多渠道的合作企业和个体企业的统称。